中国轻工业"十四五"规划立项教材

化学工业出版社"十四五"普通高等教育规划教材

食品科学与工程实验指导

Guidance for Food Science and
Engineering Experiments

魏子淏　编著

化学工业出版社

·北京·

内容简介

全书共分四个板块，将食品工艺学、食品化学、食品分析、食品营养学、食品微生物学以及食品安全学等多学科知识有机交融，形成食品工艺综合实验、食品品质综合实验、食品保藏综合实验和食品安全综合实验四大核心内容，兼具科学性、系统性与实用性。本教材精心挑选了8个代表性的综合实验，涵盖肉制品、面制品、油脂制品、干制品、生鲜制品以及有害物质检测等多个重要领域，全面提升学生的动手操作能力、仪器分析能力、实验数据处理能力，激发其自主学习能力、创新思维以及设计潜能。编写过程中融入众多前沿科研成果，以综合性实验助力学生树立全局观念，切实解决实际问题。

本书适用于食品科学与工程、食品营养与健康、食品质量与安全等专业本科生与研究生的实验课程教材，同时也为食品行业技术人员提供了极具价值的参考书。

图书在版编目（CIP）数据

食品科学与工程实验指导 / 魏子淏编著. -- 北京：化学工业出版社，2025.8. --（中国轻工业"十四五"规划立项教材）（化学工业出版社"十四五"普通高等教育规划教材）. -- ISBN 978-7-122-48495-6

Ⅰ．TS201-33

中国国家版本馆CIP数据核字第2025VM1776号

责任编辑：毕仕林　刘　军
责任校对：宋　玮
装帧设计：王晓宇

出版发行：化学工业出版社
　　　　　（北京市东城区青年湖南街 13 号　邮政编码 100011）
印　　装：北京科印技术咨询服务有限公司数码印刷分部
787mm×1092mm　1/16　印张 11½　字数 261 千字
2025 年 9 月北京第 1 版第 1 次印刷

购书咨询：010-64518888　　　　　售后服务：010-64518899
网　　址：http://www.cip.com.cn
凡购买本书，如有缺损质量问题，本社销售中心负责调换。

定　　价：49.80元　　　　　　　　　版权所有　违者必究

　　食品科学与工程作为一门跨学科的综合性学科，深刻影响着食品产业的科技进步与社会发展。随着国家"十四五"规划和2035年远景目标纲要的实施，食品产业面临着从"量的扩张"到"质的提升"的重大转型。在食品产业向绿色与可持续发展转型的背景下，"大食物观"应运而生，秉持全方位、多途径开发食物资源的理念，引导食品产业从全球视野出发，跨学科融合，切实助力落实国家规划纲要中针对食品产业升级所设定的各项要求。在新时代的科技创新浪潮中，食品科技工作者要牢牢树立"大食物观"，紧跟食品产业的前沿动态，培养具备创新精神和实践能力的高素质人才，促进食品产业的高质量发展。

　　食品科学与工程综合实验是食品类学科的重要专业基础课程，旨在通过实验教学帮助学生全面理解和掌握食品科学与工程的核心知识与技术。将食品工艺学、食品化学、食品安全学、食品微生物学等多学科内容有机融合，不仅可以培养学生扎实的基础理论和实验技能，还能够帮助学生掌握解决复杂问题的方法。只有扎实掌握食品科学与工程的理论与技术，才能生产出更加安全、营养、健康的食品，为保障人民的饮食安全和促进食品产业的创新发展做出积极贡献。

　　食品科学与工程综合实验课程在培养学生的创新思维和实践操作能力方面，具有其他课程不可替代的重要作用。作者总结了食品科学与工程的经典实验内容，结合食品领域的最新研究成果与前沿技术，编写了《食品科学与工程实验指导》一书。该书打破了传统教学模式的界限，采用模块化的实验设计，将食品科学与工程专业的核心内容融为一体，形成了系统、全面的实验体系。该书将实践和理论相结合，力求让学生从实践中获得解决实际问题的能力，为培养具备系统性和创新性的复合型人才提供了重要的教学平台。相信它的出版将为我国食品科学与工程的教育领域、食品产业创新和高质量发展做出积极贡献。

中国工程院院士　薛长湖

2025年3月

前言

食品科学与工程是一门融合了化学、生物、物理、农学等多学科知识的综合性学科，其特点在于较强的实践性和应用性。食品科学与工程专业致力于研究食品的加工、营养、风味、保藏、质量安全等内容，要求学生在掌握扎实理论基础的同时，具备将理论知识转化为实际操作的能力。实验教学环节不仅可以促进学生对专业知识的深入理解与掌握，还能为日后从事食品行业的工作奠定坚实的基础。然而，专业教材目前以理论课程教材为主，实验课程教材相对匮乏，尤其综合性强、涵盖面广的食品科学与工程综合实验教材更是凤毛麟角。因此，加强整合多学科知识、贴近实际生产的综合实验教材的编写具有十分重要的意义。

本教材依据食品科学与工程专业人才培养要求，打破传统实验教学模式各学科之间的束缚，把食品工艺学、食品化学、食品分析、食品营养学、食品保藏学、食品生物化学、食品微生物学、食品安全学等内容有机融合为一体。将实验内容整合为食品工艺综合实验、食品品质综合实验、食品保藏综合实验和食品安全综合实验等四大部分，使本教材的内容更具科学性、系统性和实用性。

本教材选取了食品科学与工程专业中较为常见且重要的 8 个种类的综合实验：实验 1 为乳液对肉制品特性的优化效果评价——以鱼糜凝胶为例；实验 2 为面制品制备工艺与消化特性分析——以低 GI 面条为例；实验 3 为油脂制品品质分析与评价——以食用油为例；实验 4 为干制品品质分析与评价——以巴沙鱼片为例；实验 5 为生鲜制品杀菌效果分析与评价——以光动力杀菌为例；实验 6 为生鲜制品保鲜效果分析与评价——以可食性薄膜为例；实验 7 为水产品中有害物质检测及脱除——以重金属为例；实验 8 为农产品中有害物质检测及脱除——以黄曲霉毒素为例。

本教材内容广博而精深，巧妙地将理论知识与实际应用紧密结合，展现出极高的实用价值。本教材选取的实验具有较强的实践性，通过本课程的系统学习和训练，不仅能够显著提升学生的动手操作能力、仪器分析与实验数据处理能力，还能激发出学生的自主学习能力、创新思维以及设计潜能，为未来的职业发展奠定坚实的基础。本教材编写过程中深度融合了众多前沿科研领域的最新成果与突破性发现，旨在为读者构建一个扎实稳固又充满创新活力的知识体系。本教材可供食品科学与工程、食品营养与健康、食品质量与安全专业等专业本科生和研究生实验课使用，也可供食品行业技术人员学习参考。

最后，感谢中国海洋大学教材建设基金对本书出版给予的支持。

魏子淏

2025 年 3 月

目录

第三篇　食品保藏综合实验

—————————————— 第四篇　食品安全综合实验 ——————————————

第一篇　食品工艺综合实验

实验1　乳液对肉制品特性的优化效果评价——以鱼糜凝胶为例

实验2　面制品制备工艺与消化特性分析——以低 GI 面条为例

食品加工工艺与其品质特性密不可分：一方面，食品加工工艺的改良可以提升食品的口感、色泽和质地等品质特性；另一方面，品质特性的提升也需要依靠先进的食品加工技术来实现。因此，在食品科学与工程领域中，食品加工与品质特性的研究和应用是相互促进、共同发展的。本书的首篇——食品工艺综合实验，选取了我国居民日常饮食中不可或缺的肉制品与面制品作为切入点，以鱼糜凝胶与面条为实例，引领读者深入了解食品从原料到成品的转变过程。本部分旨在揭示加工技术如何影响食品的感官特性、营养成分及安全性，强调科学方法在食品创新中的应用。在本部分中，读者将学习到食品加工的基本原理和关键技术，培养分析和解决食品加工实际问题的能力，为未来的食品研发与生产奠定坚实基础。

实验 1
乳液对肉制品特性的优化效果评价——以鱼糜凝胶为例

实验 1-1　乳液的制备

一、背景知识

乳液是由两种互不相溶的液体混合形成的复合体系。传统乳液通常由表面活性剂稳定，已广泛应用于石油、化工、材料等领域。然而，表面活性剂的大量使用会对人体健康和自然环境造成一定的危害[1]。与传统乳液相比，由两亲性聚合物（如蛋白质和多糖）稳定的乳液可以避免上述缺点，已被成功地用于制备各种食品，如饮料、冰淇淋、酱料、肉制品、鱼糜制品等。

蛋白质具有优越的乳化、发泡和胶凝性能，在食品加工中常被用作稳定乳液的乳化剂。然而，由蛋白质稳定的乳液对环境因素（如 pH 值、温度和离子强度）敏感，这限制了其在食品领域的应用[2]。作为一种广泛存在的天然生物聚合物，多糖能在较宽的温度和 pH 范围下保持稳定，是食品工业中常用的乳化剂。因此，将蛋白质和多糖两种乳化剂复配使用是提高乳液环境稳定性的一种可行策略。蛋白质 - 多糖复合物不仅能够在油 - 水界面处形成更厚的界面层，还能与水分子形成氢键来增加乳液连续相的黏度，从而提高乳液对外界环境的抵抗能力[3]。蛋白质 - 多糖复合物的形成方式可以分为非共价结合和共价结合。非共价结合是最主要结合方式，因为这种方法不需要添加额外的化学试剂，不会对人体产生潜在的健康风险。

乳清分离蛋白是从牛奶中提取的优质蛋白质，包含 α- 乳白蛋白、β- 乳球蛋白等组分，具有抗氧化、抗癌、抗肥胖、心脏保护等功效作用[4]。乳清分离蛋白因其优越的溶解性和乳化性成为食品领域使用最广泛的乳化剂之一。阿拉伯胶作为食品工业中广泛使用的天然多糖之一，分子结构中的多种官能团赋予其优异的增稠性、稳定性、乳化性等功能特性。它的分子链上含有大量的羟基和羧基，能够与水分子形成氢键，增加溶液的黏度以达到增稠作用。此外，它的结构中还存在许多亲油基团，使其能够紧密地吸附在油 - 水界面上，起到乳化作用[5]。当乳清分离蛋白与阿拉伯胶在溶液中混合时，携带相反电荷的蛋白质分子和多糖分子之间会产生强烈的静电吸附，从而形成非共价蛋白质 - 多糖复合物。这种复合物既充分保留它们各自的特性，如乳化性、稳定性、增稠性和营养价值，还在一定程度上发挥了协同作用，进一步优化了效能，在功能性食品的开发中具有可观的应用前景。

乳液的制备方法根据输入能量的大小不同，可以分为高能乳化法（高速剪切法、高压均质法、超声破碎法和微射流法）和低能乳化法（相转变温度法、相转变成分法和自发乳化法）。高能乳化法是通过高速剪切机、高压均质机、超声波破碎机等装置，在极短的时间内提供制备乳液所需的能量。低能乳化法是利用乳化过程中曲率变化和相转变，使油相、水相和乳化剂自发形成小粒径的液滴。本实验采用高速剪切法制备乳清分离蛋白 - 阿拉伯胶基乳液。

二、实验目标

（1）了解乳清分离蛋白、阿拉伯胶等常见的食品级蛋白质、多糖的乳化性质。

（2）了解乳化剂稳定乳液的机理。

（3）掌握乳液的制备方法及原理。

三、实验原理

稳定性是评价乳液的重要指标。乳液通常是热力学不稳定的体系，在贮藏过程中容易发生分层、絮凝、聚结、奥斯特瓦尔德（Ostwald）熟化等现象。为提高乳液的稳定性，选择合适的制备方法和乳化剂种类至关重要。与低能乳化法相比，高能乳化法在制备乳液时需要的乳化剂浓度低，能有效地降低制备成本，并且更容易将黏度大的油相乳化成稳定的乳液。高速剪切法是制备乳液最常用的方法，高速剪切机叶片与定子狭窄的空间能够产生巨大的剪切力、摩擦力和撞击力，促使油相、水相和乳化剂的混合体系形成稳定的乳液[6]。此外，乳化剂的种类也是影响乳液稳定性的关键因素[7,8]。一方面，乳化剂（蛋白质 - 多糖复合物）能够快速吸附在油 - 水界面上，形成具有高机械强度的界面层，阻止液滴聚集和相分离。另一方面，蛋白质 - 多糖复合物的亲水基吸附在水相中，亲油基向外延伸至油相中，降低了乳液液滴的表面张力，从而提高了乳液的稳定性。

四、实验器材

1. 仪器与设备

电子天平、pH 计、磁力搅拌器、高速剪切机、称量纸、药匙、量筒、烧杯、玻璃杯、转子。

2. 材料与试剂

乳清分离蛋白、阿拉伯胶、大豆油、盐酸、氢氧化钠。

五、操作步骤

1. 乳清分离蛋白溶液的配制

称取 8g 乳清分离蛋白，溶解于去离子水中并稀释至 100mL，调节溶液 pH 值为 4.0，制备质量浓度为 80g/L 的乳清分离蛋白溶液。

2. 阿拉伯胶溶液的配制

称取 4g 阿拉伯胶，溶解于去离子水中并稀释至 100mL，调节溶液 pH 值为 4.0，制备质量浓度为 40g/L 的阿拉伯胶溶液。

3. 乳清分离蛋白-阿拉伯胶复合物的制备

将乳清分离蛋白溶液和阿拉伯胶溶液等体积混合，混合均匀后调节溶液 pH 值为 4.0，在室温下以 600r/min 搅拌 2h，制备乳清分离蛋白 - 阿拉伯胶复合物。

4. 乳清分离蛋白-阿拉伯胶基乳液的制备

将乳清分离蛋白 - 阿拉伯胶水相分散液与大豆油以 4∶1 的体积比混合，使用高速剪切机以 11000r/min 高速剪切 3min，得到乳清分离蛋白 - 阿拉伯胶基乳液。

六、实验结果

观察乳清分离蛋白 - 阿拉伯胶基乳液的外观特征，并进行简单描述。

七、实验关键点

（1）乳清分离蛋白、阿拉伯胶溶液的制备需充分搅拌使其完全溶解。

（2）测量溶液 pH 值前需要先对 pH 计进行校准。

（3）pH 计使用前后，需要用去离子水清洗电极，去除吸附在电极上的杂质，以免对电极造成损坏。

八、实验讨论与反思

（1）制备乳清分离蛋白 - 阿拉伯胶复合物时，为什么要调节溶液 pH 值为 4.0？可以选择 pH 值为 7.0 作为反应条件吗？

（2）在乳液的制备过程中，哪些因素会影响乳液的稳定性？

九、拓展思考

（1）蛋白质 - 多糖复合物的制备方法有哪些？

（2）乳液的稳定性可以通过测定哪些指标来判断？

实验 1-2 乳化鱼糜凝胶的制备

一、背景知识

鱼糜是对原料鱼进行采肉、低盐和无盐漂洗、脱水、精滤等步骤制备而成的浓缩蛋白产品，可以作为制作各种加工产品的基料。鱼糜具有很好的凝胶特性，可以得到具有三维网络结构的鱼糜凝胶[1,2]。鱼糜凝胶的形成方式多种多样，根据凝胶方式的不同，大致可划分为：通过加热后冷却形成的凝胶；在加热条件下与金属盐络合物结合形成的凝胶；在不加热的条件下，通过部分水解或pH调控形成的凝胶[2]。在加热条件下形成鱼糜凝胶，通常经历凝胶化、凝胶劣化以及鱼糕化三个阶段。凝胶化的温度范围通常发生在50℃以下，这一过程中转谷氨酰胺酶作为催化剂，促使肌球蛋白重链发生交联反应，进而形成较为脆弱的凝胶网络。随着温度升高至50～70℃，鱼肉内部天然存在的内源性组织蛋白酶变得活跃，使得先前形成的凝胶结构逐渐劣化、崩溃，这一阶段被称为凝胶劣化。当温度达到85℃以上时，凝胶变得有序且非透明，凝胶强度明显增加，完成凝胶的鱼糕化[3]。因此，为了生产出具有高凝胶强度的鱼糜制品，通常需要精确控制加工过程中的温度条件。一般来说，需要将鱼糜在50℃以下的某一温度进行孵育，随后迅速加热至70℃以上的温度使内源性组织蛋白酶迅速失活，避免凝胶结构劣化，确保最终产品的凝胶强度和品质。

在鱼糜凝胶的制作过程中，鱼肉中的油脂在漂洗过程中被去除，导致凝胶的风味、口感以及营养成分有所降低。为了弥补这一缺陷并提升鱼糜凝胶的整体品质与风味，通常会选择添加如大豆油、玉米油、椰子油和鱼油等外源性油脂作为质地改良剂[1,4-6]。这些油脂的加入不仅能够提高凝胶制品的白度，还能增强其营养特性。然而，直接添加油脂的方式并不理想。这种做法会导致凝胶的三维网络孔径增大，造成油脂聚集并引发网络结构的崩塌现象，从而对凝胶的氧化稳定性、质构性能和持水性造成负面影响。相比之下，添加乳液是一种更为有效地改善鱼糜凝胶品质的方法[7]。经过乳化的油脂能够在鱼糜凝胶基质中均匀分布，它们不仅可以作为填充物，还能与鱼糜凝胶的三维网络形成共聚物[8,9]。这种结构上的改变能够显著改善鱼糜凝胶的质地，进而提升鱼糜凝胶的整体品质。

二、实验目标

（1）掌握鱼糜、鱼糜溶胶和鱼糜凝胶的制备方法。
（2）理解乳液改变鱼糜凝胶性能的理论依据和具体原理。

三、实验原理

鱼糜凝胶的形成主要依赖鱼糜中的肌原纤维蛋白。肌原纤维蛋白是鱼肌原纤维的主要成分，在鱼肉总蛋白中占很大比例，主要包括肌球蛋白、肌动蛋白、原肌球蛋白和肌钙蛋白等[2]。当肌原纤维蛋白受到特定的物理或化学条件作用时，非共价键解离、构象发生改变，形成肌球蛋白与肌丝。此时，肌球蛋白中的疏水基团暴露出来，蛋白质基团也变性展开，通过聚合作用形成较大的分子凝胶体[4]。整个过程依赖变性蛋白分子间相互排斥与吸引等复杂作用力的微妙平衡。

在鱼糜凝胶的制备过程中，若直接向体系中添加油脂，会导致构成凝胶三维网络结构的肌原纤维蛋白含量下降。这种变化会使得凝胶网络结构变得疏松，进而削弱了凝胶的强度和破断能力。此外，直接添加油脂对鱼糜凝胶网络的致密度也具有一定的不利影响，因为它会增加蛋白质分子间的距离，干扰肌原纤维蛋白分子间的相互作用，从而破坏其紧密的网络结构。当添加预乳化的油脂（乳液）时，预乳化油滴（乳液液滴）与肌纤维蛋白相互作用形成界面蛋白膜（interfacial protein membrane, IPF），进一步占据蛋白凝胶基质网络中的空隙，充当填充剂或共聚物，从而降低凝胶网络的孔隙度[10]。如图 1-1 所示，液滴较小的乳化油在凝胶基质中的分布比非乳化油更均匀，降低了蛋白质网络结构孔隙率，提高了凝胶微观结构的均匀性，从而使得鱼糜凝胶的凝胶强度和稳定性增强。

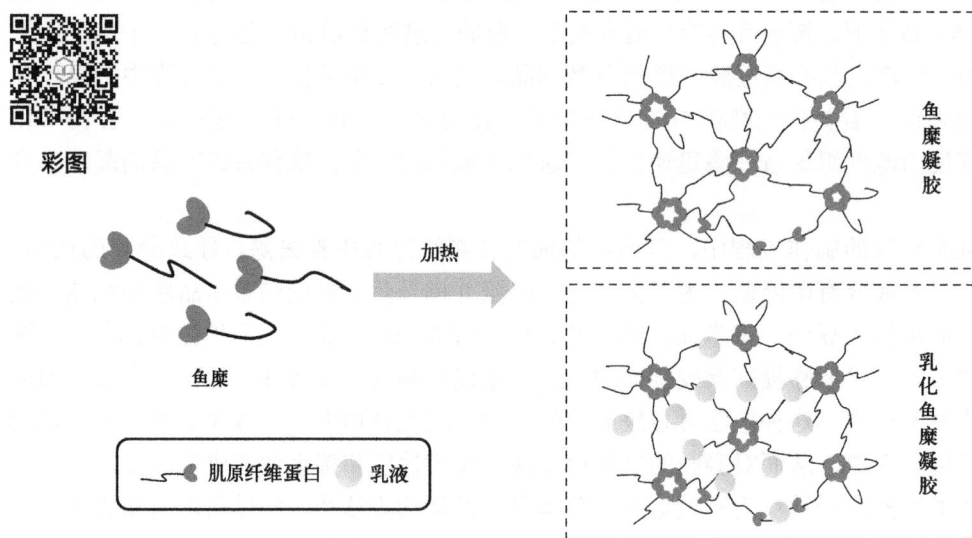

图 1-1　乳化鱼糜凝胶的形成机理

四、实验器材

1. 仪器与设备

恒温水浴锅、冷冻离心机、斩拌机。

2. 材料与试剂

草鱼、氯化钠、大豆油、实验 1-1 中制备的乳液。

五、操作步骤

1. 鱼糜的制备

将新鲜草鱼宰杀后剔骨取肉，用冰水清洗三次后放入斩拌机中绞碎。向鱼糜中加入 5 倍体积的冰水，持续低速斩拌 10min；在 10000r/min、4℃条件下离心 10min，进行脱水；收集沉淀重复上述操作。合并两次沉淀，加入 5 倍体积的质量分数为 0.15% NaCl 溶液，持续低速斩拌 10min；在 10000r/min、4℃条件下离心 15min，进行脱水；所得沉淀即为鱼糜样品。

2. 鱼糜溶胶的制备

将鱼糜切成小块（约 2cm×2cm×2cm）置于斩拌机中粉碎 2min 后，添加质量分数为 2.5% 的 NaCl 溶液，斩拌 3min 使其充分混合；随后将鱼糜分为 3 组，分别添加 0.02mL/g 水（对照组）、0.02mL/g 大豆油（大豆油组）、以及含有 0.02mL/g 大豆油的乳液（乳液组）；调节水分含量至 80%，继续斩拌 3min，得到鱼糜溶胶。

3. 鱼糜凝胶的制备

将上述鱼糜溶胶转移至特定的模具中密封，通过二段加热法制备鱼糜凝胶。首先在 40℃的条件下水浴加热 30min，然后转移至 90℃水浴中加热 30min。加热结束后，冰水冷却至室温，得到鱼糜凝胶，放入 4℃冰箱中备用。

六、实验结果

观察不同鱼糜凝胶样品的外观特征，简单描述并填入表 1-1 中。

表1-1　不同鱼糜凝胶样品的外观特征

序号	组别	鱼糜凝胶外观特征
1	对照组	
2	大豆油组	
3	乳液组	

七、实验关键点

（1）鱼糜制备的漂洗过程要使用冰水。

（2）在鱼糜溶胶的制备中，需调节水分含量为 80%。

（3）两段加热法中，当在 40℃的条件下中水浴加热完成后，要迅速转移至 90℃水浴中立即开始第二段加热，中间不要停留。

八、实验讨论与反思

（1）为什么鱼糜的制备过程中要反复漂洗？

（2）在制备鱼糜凝胶时，两段式加热程序的目的是什么？相对于传统的一段式水浴加热法，它有什么优势？

（3）在制备鱼糜凝胶时，添加氯化钠的目的是什么？氯化钠的浓度对凝胶强度有什么影响？

九、拓展思考

（1）除了乳液，还有什么外源添加物可以改善鱼糜凝胶的性质？

（2）不同的乳化剂和油相会对鱼糜凝胶性质产生影响吗？为什么？

（3）延长斩拌时间或增加斩拌速度是否会对鱼糜凝胶体系起到乳化作用？这种乳化作用与添加外源性乳液对凝胶性能的影响有什么区别？

实验 1-3　鱼糜凝胶化过程中的流变性能分析

一、背景知识

食品流变学是一门专注于研究食品在加工、储存和运输过程中发生的变形与流动现象的科学。鱼糜加热形成凝胶是一个不稳定的动态流变过程，伴随着肌原纤维蛋白的解链、变性和聚集等阶段[19]。流变仪是测定聚合物溶液、乳液、食品等样品流变性能的仪器。在鱼糜流变性能的研究中，温度扫描是最常用的扫描模式，可以反映鱼糜在加热转变成凝胶过程中每个温度对应的凝胶结构的变化，从而反映鱼糜凝胶品质的变化[18]。储能模量（G'）和损耗模量（G''）是描述鱼糜凝胶流变性能的重要指标。G' 可以反映鱼糜凝胶的强度和弹性，G'' 可以反映鱼糜凝胶的黏度与流动性。G' 越大说明鱼糜凝胶的强度和弹性越大，形成的内部网络结构越稳定[20]。因此，研究鱼糜凝胶化过程（加热）中的流变学行为，有利于揭示蛋白质的热聚集行为与凝胶品质之间的联系，为鱼糜凝胶的生产和加工提供理论依据。

二、实验目标

（1）探究乳液对鱼糜凝胶化过程中流变性能的影响。
（2）掌握流变仪的操作与使用。

三、实验原理

　　流变仪是测量样品流变性能的仪器，可用于测量剪切速率、剪切应力、振荡频率、应力应变振幅等数据，计算样品的 G'、G''、黏度（η）、损耗因子（$\tan\delta$）等流变学参数。鱼糜向凝胶转变是一个复杂的热诱导过程，根据加热温度的不同，可以分为凝胶化、凝胶劣化和鱼糕化三个阶段。不同阶段鱼糜的物理特性，特别是 G' 和 G'' 会发生明显变化。具体来说，在凝胶化初期阶段，鱼糜体系中肌动球蛋白分子间发生相互作用形成弱凝胶，G' 和 G'' 呈现出平缓下降的趋势。随着温度升高，鱼糜进入凝胶劣化阶段，体系中的蛋白质网络受损，内源性蛋白酶降解蛋白质以及氢键断裂，导致 G' 和 G'' 迅速下降。首先，肌球蛋白尾部的变性增加了肌球蛋白的流动性，打破了鱼糜在凝胶化阶段形成的初始网络结构，导致鱼糜凝胶体系发生塌陷。其次，肌球蛋白会被鱼糜体系中的内源性组织蛋白酶分解，破坏交联形成的凝胶网络结构。再次，加热还会使鱼糜凝胶体系中的部分氢键发生断裂，从而导致鱼糜逐渐失去可塑性。最后，升高温度继续加热，进入鱼糕化阶段，肌球蛋白重链和肌动蛋白受热变性，形成稳固的凝胶网络结构，G' 和 G'' 迅速增加，得到鱼糜凝胶 [5,21,22]。

　　鱼糜凝胶的制作过程中，会漂洗掉鱼肉中的脂质和水溶性成分，对鱼糜的流变性能和营养价值造成不利影响。向鱼糜凝胶中添加植物油是一种消除这种不利影响的可行策略。然而，直接添加植物油会降低鱼糜体系中蛋白质含量，导致鱼糜凝胶的黏弹性下降，不利于鱼糜凝胶网络结构形成 [23,24]。因此，有必要寻找一种外源添加物，在提高鱼糜凝胶油脂含量的同时，赋予鱼糜凝胶优越的黏弹性。乳液作为填充剂可以从两个方面改善鱼糜凝胶的流变特性。一方面，乳液较小的液滴尺寸可以减少植物油对凝胶网络造成的破坏；另一方面，乳液中的亲水胶体（蛋白 - 多糖复合物）可以通过氢键和疏水相互作用与鱼糜中的肌原纤维蛋白相互交联，从而增强鱼糜凝胶的强度和弹性 [25]。

四、实验器材

1. 仪器与设备

　　流变仪、刮刀。

2. 材料与试剂

　　实验 1-2 中制备的鱼糜溶胶。

五、操作步骤

1. 应变扫描

在流变学测试前，先通过应变扫描来确定鱼糜溶胶的线性黏弹性区域（linear viscoelastic region, LVR）。测试条件：采用 PP50 探头，上下板之间的间隙设定为 1mm，剪切频率为 1Hz，测试温度为 25℃，剪切应变范围为 0.01% ～ 100%。取 3g 未加热的鱼糜溶胶置于样品台中心，放置 5min 以实现热平衡，通过评估 G' 和 G'' 的应变依赖性来确定鱼糜溶胶的 LVR。

2. 温度扫描

为确定鱼糜体系在加热过程中（从溶胶转变为凝胶）的黏弹性变化，对鱼糜溶胶进行动态温度扫描测试。测试条件：采用 PP50 探头，振荡频率为 1Hz，应变振幅为 1%（LVR 内），扫描温度范围为 25 ～ 90℃，升温速度为 5℃ /min，得到鱼糜溶胶随温度变化的 G' 和 G''。

六、实验结果

比较和分析不同鱼糜溶胶的 G' 和 G'' 随温度变化的谱图。

七、实验关键点

（1）流变性能测试时，鱼糜溶胶需充满探头间隙，以保证数据的准确性。
（2）探头下压过程中，部分鱼糜溶胶会从间隙中被挤出，需用刮刀进行刮边处理。
（3）温度扫描测试时，在鱼糜溶胶周围滴加硅油，防止样品中的水分蒸发。

八、实验讨论与反思

（1）温度扫描测试时，除了硅油还可以用什么试剂对样品进行密封？
（2）如果乳液添加量进一步增加，鱼糜凝胶的流变性是否会发生显著变化？
（3）鱼糜凝胶的流变性能还可以通过测量什么指标来衡量？

九、拓展思考

（1）除了乳液的添加量，还有什么因素会对鱼糜凝胶的流变性能造成影响？
（2）流变仪有几种测试模式？除了温度扫描测试，其他测试模式也需要在样品周围滴加硅油吗？为什么？

（3）流变仪和黏度计都可以用来测定样品的黏度，有什么区别？

实验 1-4　鱼糜凝胶的质构性能分析

一、背景知识

质构性能是评估鱼糜凝胶的重要指标，不仅可以反映鱼糜凝胶的结构特征，还是消费者判断鱼糜凝胶品质的主要标准。质地多面剖析法（texture profile analysis, TPA）是质构仪使用最广泛的测试模式。TPA测试利用探头模拟口腔的咀嚼运动，对样品进行两次压缩，通过与质构仪相连的计算机软件得出测试曲线，从而得到多种质构特性指标[26]。硬度是指在挤压过程中使鱼糜凝胶变形所需的力，表现为人体触觉的软硬。弹性是指鱼糜凝胶在第一次压缩结束后能恢复的高度。内聚性是指鱼糜凝胶经第一次压缩后，对第二次压缩的相对抵抗能力。咀嚼性是指将鱼糜凝胶咀嚼至可吞咽状态所需要的能量，在数值上等于硬度、内聚性和弹性的乘积。凝胶强度是指鱼糜受热凝固形成凝胶的能力[27,28]。通过测定硬度、弹性、内聚性、咀嚼性、凝胶强度等质构特性指标，可以从感官知觉、力学性质、几何特性等多维度反映鱼糜凝胶的质构信息，弥补了感官评价主观性高、评估过程繁琐、结果难以量化等不足。

二、实验目标

（1）探究乳液对鱼糜凝胶质构性能的影响。
（2）掌握质构仪的操作与使用。

三、实验原理

鱼糜凝胶的品质与其质构性能密切相关。向鱼糜凝胶中添加植物油或乳液是改善其营养价值的可行策略。然而，随着油含量的增加，鱼糜体系中的肌原纤维蛋白浓度和凝胶基质密度会显著降低，扰乱了鱼糜凝胶基质中肌原纤维蛋白之间的相互作用，从而阻碍了凝胶网络的形成[18,20,29]。相比之下，添加乳液可以显著提高鱼糜凝胶的硬度和凝胶强度等质构特性指标。首先，乳液以小乳化油滴的形式填充在蛋白质凝胶网络中，使鱼糜凝胶网络的孔隙率降低。其次，加热过程中乳化脂肪与肌原纤维蛋白通过二硫键和疏水相互作用结合，形成了更加致密且稳固的凝胶网络结构，从而提高了鱼糜凝胶的凝胶强度。最后，在凝胶形成过程中乳化剂（乳清分离蛋白-阿拉伯胶复合物）可以通过氢键和疏水相互作用与肌原纤维蛋白结合，加强了乳液与凝胶基质之间的连接，从而赋予鱼糜凝胶更优越的质构性能[23,30,31]。

四、实验器材

1. 仪器与设备

质构仪、刀、尺。

2. 材料与试剂

实验 1-2 中制备的鱼糜凝胶。

五、操作步骤

1. TPA测试

将鱼糜凝胶从 4℃冰箱中取出，室温下平衡 30min，切成 15mm×15mm×15mm 的小块。采用质构仪的 TPA 测定模式对鱼糜凝胶的硬度、弹性、内聚性和咀嚼性进行测定。测试条件：探头型号为 P/50，触发力为 5g，测试速度为 2mm/s，压缩比为 40%，每组样品平行测定 3 次。

2. 凝胶强度（gel strength, GS）

将室温下的鱼糜凝胶切成直径 25mm、高 20mm 的圆柱形，采用质构仪测定其破断力和破断距离。测试条件：探头型号为 P/5S，穿刺模式，触发力为 5g，测试速度为 1mm/s，穿刺距离为 15mm，每组样品平行测定 3 次。按照下列公式计算鱼糜凝胶的 GS。

$$GS = F \times l$$

式中，F 为鱼糜凝胶的破断力，g；l 为鱼糜凝胶的破断距离，cm。

六、实验结果

将鱼糜凝胶样品的质构参数填入表 1-2 中。

表1-2　不同鱼糜凝胶样品的质构参数

组别	硬度 /N	弹性 /mm	内聚性	咀嚼性 /mJ	凝胶强度 /(g·cm)
对照组					
大豆油组					
乳液组					

七、实验关键点

（1）鱼糜凝胶的切面应整齐、光滑，不得有破裂口。

（2）测试时鱼糜凝胶中心应对准探头，以保证数据测量的准确。

八、实验讨论与反思

（1）在鱼糜凝胶的制备过程中，哪些因素会影响其质构性能？
（2）如果乳液添加量进一步增加，鱼糜凝胶的质构性能是否会发生显著变化？

九、拓展思考

（1）质构仪可以测定哪些指标？分别对应质构曲线上哪个部分？
（2）质构仪有几种测定模式？分别用于测定哪些种类食品？

实验 1-5　冻融前后鱼糜凝胶的色泽分析

一、背景知识

冷冻作为长期保存鱼糜凝胶制品的普遍方式，可以有效延长其保存期限、抑制微生物活动和减缓生物化学反应速度[10,32]。然而，在鱼糜凝胶制品从工厂生产线到商超再到消费者家庭的流通与销售环节中，其温度环境可能会受到操作失误、冷链断裂等多种因素的影响而波动，使得鱼糜凝胶制品不可避免地经历多次冻结与解冻。在冻融循环过程中，肌肉组织在冰晶的反复形成与融化中遭受破坏，使得鱼糜凝胶的质地特性发生改变，内部的水分分布失衡，进而导致鱼糜凝胶表面变得粗糙，严重损害了鱼糜凝胶的品质。此外，鱼糜凝胶制品在冻融过程中还会产生己醛和壬醛等不好闻的风味化合物，造成鱼糜凝胶的品质下降[32]。

国际照明委员会（CIE）制定的色度值是通过基于白光源、物体和观察者的数学模型计算得出的，它以 $L*$（亮度）、$a*$（红度）和 $b*$（黄度）表示所有颜色，人类对颜色的感知是这三个值在色彩空间中的组合[33]。白度是衡量鱼糜凝胶质量优劣的关键指标，反映了鱼糜凝胶的色泽和外观品质。鱼糜凝胶的白度与其内部网络结构对光线的吸收频率有关，不同网络结构的细微差异能够显著影响其最终呈现的颜色。因此，鱼糜凝胶色泽指标的变化可以直接反映冻融处理前后样品内部的结构变化。一般来说，$L*$ 值越大，$b*$ 值越小，产品越白，质量越好。

二、实验目标

（1）探究冻融处理对鱼糜凝胶外观和色泽的影响。
（2）掌握色度计的测定原理与使用方法。

三、实验原理

冻融处理影响鱼糜凝胶外观和色泽的原理主要基于水分相变、冰晶形成与融化、蛋白质变性等多个方面的变化。首先，从水分相变的角度来看，冻融过程中鱼糜中的水分会经历结冰和解冻两个主要阶段。在冷冻阶段，水分子逐渐形成冰晶，这些冰晶的生长会占据鱼糜中的空间，导致鱼糜凝胶的网络结构发生变化。尽管解冻时冰晶融化成水，但鱼糜凝胶并不能完全恢复到冷冻前的状态，其外观会受到一定影响，如表面粗糙、结构松散等 [10,34]。其次，冰晶的形成与融化对鱼糜凝胶的色泽也有显著影响。冰晶的形成会改变鱼糜中光线的散射和折射，使得鱼糜凝胶的透明度降低，色泽变得暗淡；冰晶融化时释放的水分可能会携带走部分色素，进一步影响鱼糜凝胶的色泽 [14,17]。最后，冻融处理还可能引起鱼糜中蛋白质的变性。蛋白质是鱼糜凝胶形成的关键成分，其构象和相互作用对凝胶的外观和色泽有重要影响。冻融过程中，蛋白质可能会因为水分结冰导致的渗透压变化而发生变性，这种变性可能导致蛋白质的颜色改变，从而影响鱼糜凝胶的整体色泽 [14]。当在鱼糜中添加外源性油脂时，油滴分布于鱼糜凝胶的表面，能增加凝胶的散光效应，从而增加鱼糜凝胶的白度 [12]。当在鱼糜中添加预乳化的外源性油脂（乳液）时，乳液液滴因其更小的直径和更大的比表面积，可以更均匀地分散在鱼糜凝胶基质中，从而增加光散效应，进一步提升鱼糜凝胶的白度 [33,34]。

四、实验器材

1. 仪器与设备

色差仪。

2. 材料与试剂

实验 1-2 中制备的鱼糜凝胶。

五、操作步骤

1. 冻融处理

将实验 1-2 中制备的鱼糜凝胶样品置于 −20℃下贮藏 2d，随后将其转移至 4℃条件下解冻 12h。该过程为 1 次冻融循环，对样品进行 3 次冻融循环处理。

2. 色差测量

将鱼糜凝胶切成直径 2.5cm，高 5mm 的圆柱形，采用色差仪测定鱼糜凝胶的 L^*、a^*和 b^*。测试前使用标准白板校正色差仪（$L^* = 91.86$，$a^* = 0.88$，$b^* = 1.42$），校正后重新测定每个凝胶样品 6 次，通过公式计算样品的白度值（W）。

$$W=100-\sqrt{\left(100-L^*\right)^2+a^{*2}+b^{*2}}$$

六、实验结果

将冻融处理后鱼糜凝胶的色泽指标和外观特征填入表 1-3 中。

表1-3　冻融处理后鱼糜凝胶的外观和色泽

组别	L^*	a^*	b^*	W	鱼糜凝胶外观特征
对照组					
大豆油组					
乳液组					

七、实验关键点

（1）在测量色差前，要使用标准白板和标准黑板进行校正。
（2）色差的测量误差相对较大，需要进行多次重复试验。

八、实验讨论与反思

（1）色差测量的影响因素还有哪些？如何避免？
（2）乳液的添加影响鱼糜凝胶样品色泽指标变化的原因是什么？
（3）如果乳液的添加量进一步增加，鱼糜凝胶样品色泽指标和外观特征是否会有进一步显著的变化？

九、拓展思考

（1）快速冷冻和缓慢冷冻会不会对鱼糜凝胶的冻融稳定性产生影响？为什么？
（2）冻融循环次数会对鱼糜凝胶产生什么影响？

实验 1-6　冻融前后鱼糜凝胶的持水性能和蒸煮损失率分析

一、背景知识

持水性能是指鱼糜凝胶结合水的能力，即鱼肉肌原纤维蛋白保留固有水分和添加水分

的能力 [32,35]。蒸煮损失率是鱼糜凝胶在加热烹煮过程中水分、油脂以及小分子蛋白质等已流失物质的渗出损失质量占比，受鱼糜凝胶三维网络结构致密性的影响 [14,15]。持水性能和蒸煮损失率是反应鱼糜凝胶质量和凝胶稳定性的重要指标，优质的鱼糜凝胶应具有较高的持水性能以及较低的蒸煮损失率。在冻融过程中，水分子的相变、冰晶的形成与融化以及细胞内外的渗透压变化等都会对鱼糜凝胶的结构和性质产生显著影响，也会凝胶的持水性能和蒸煮损失率产生不利影响。油脂或预乳化油脂（乳液）可以作为活性填充物与鱼糜凝胶骨架相互作用，进而尽可能在冻融过程中保持鱼糜凝胶良好的持水性能和蒸煮损失率。

二、实验目标

（1）探究冻融处理鱼糜凝胶的持水性能和蒸煮损失率的影响。
（2）掌握持水性能和蒸煮损失率的测定和计算方法。
（3）理解冻融稳定性对于食品工业的价值和意义。

三、实验原理

鱼糜凝胶的持水性能和蒸煮损失率在一定程度上反映了其结构的致密性和稳定性。较为致密稳定的凝胶结构在经过冻融过程后依然展现出卓越的持水性能以及较低的蒸煮损失率。当在鱼糜凝胶中添加外源性油脂时，油滴则会巧妙地填充在凝胶网络结构的空隙中，使鱼糜凝胶的网络结构更加致密。在冻融过程中，水分不易从凝胶的网络结构中流失，从而提高了凝胶的持水性能和蒸煮损失率 [12,14]。相较于未乳化的油脂，乳化液滴具有更小的尺寸，更大的比表面积，能够更均匀地分散和填充在鱼糜凝胶基质的空隙之中，充当"黏合剂"的角色，使得凝胶结构更加致密，固定水分和一些小分子营养物质 [18,20,33]。此外，作为乳化剂的乳清分离蛋白和阿拉伯胶也具有良好的吸水性，乳液的界面蛋白膜可以与水分子发生强烈的水合反应，使得水分被包裹于凝胶的三维网络结构中，不仅显著提高了鱼糜凝胶的持水能力，还提升了其物理稳定性，增强了油脂的亲和与结合能力，并降低了蒸煮损失率。因此，乳化鱼糜凝胶在冻融过程中依然能保持更好的持水性能和蒸煮损失率。

四、实验器材

1. 仪器与设备

天平、恒温水浴锅、冷冻离心机、电热鼓风干燥箱、滤纸。

2. 材料与试剂

实验 1-2 中制备的鱼糜凝胶。

五、操作步骤

1. 持水性能的测定

通过离心法测定样品的持水性能（water holding capacity, WHC）。首先，将鱼糜凝胶切成小块（5mm×5mm×5mm）后称量（M_1）。其次，称量后的鱼糜凝胶样品用两层滤纸（M_2）包裹，在 6000r/min 的转速下离心 10min。最后，将鱼糜与滤纸分离，滤纸在 105℃ ±1℃下烘干至恒重（M_3），对离心后的鱼糜凝胶样品进行称重（M_4）。根据公式计算样品的 WHC：

$$WHC = \frac{M_4 + M_3 - M_2}{M_1}$$

2. 蒸煮损失率的测定

将鱼糜凝胶样品切割成 10mm×20mm×10mm 的小块，称重（m_1）后放入密封好的蒸煮袋中，在 90℃恒温水浴中蒸煮 20min。蒸煮结束后，用滤纸吸去鱼糜凝胶表面多余的水分，再次称重（m_2）。按照下列公式计算样品的蒸煮损失率（cooking loos, CL）：

$$CL = \frac{m_1 - m_2}{m_1}$$

六、实验结果

将冻融处理后鱼糜凝胶的持水性能和蒸煮损失率填入表 1-4 中。

表1-4　冻融处理后鱼糜凝胶的持水性能和蒸煮损失率

组别	WHC	CL
对照组		
大豆油组		
乳液组		

七、实验关键点

（1）测定持水性能时，为确保实验结果的准确性，要多次称量确定鱼糜凝胶已被烘干至恒重。

（2）测定蒸煮损失率时，蒸煮袋要密封好防止蒸煮过程中进水影响试验结果。

八、实验讨论与反思

（1）在测定持水性能和蒸煮损失率时，还有什么外界因素会导致实验误差？应如何避免？

（2）如果乳液添加量进一步增加，持水性能和蒸煮损失率会不会有显著变化？

九、拓展思考

（1）乳化剂的种类和添加量会对鱼糜凝胶冻融稳定性产生什么影响？我们选择乳化剂种类的标准是什么？

（2）油脂或乳化油脂的添加会提高鱼糜凝胶的持水性能和蒸煮损失率，那么添加量达到一定程度是否会起到反作用？为什么？

参考文献

[1] Zhang R, Belwal T, Li L, et al. Recent advances in polysaccharides stabilized emulsions for encapsulation and delivery of bioactive food ingredients: A review[J]. Carbohydrate Polymers, 2020, 242: 116388.

[2] Sun X, Wang H, Li S, et al. Maillard-type protein-polysaccharide conjugates and electrostatic protein-polysaccharide complexes as delivery vehicles for food bioactive ingredients: Formation, types, and applications[J]. Gels, 2022, 8(2): 135.

[3] Kan X, Chen G, Zhou W, et al. Application of protein-polysaccharide Maillard conjugates as emulsifiers: Source, preparation and functional properties[J]. Food Research International, 2021, 150: 110740.

[4] Daniloski D, Petkoska A T, Lee N A, et al. Active edible packaging based on milk proteins: A route to carry and deliver nutraceuticals[J]. Trends in Food Science & Technology, 2021, 111: 688-705.

[5] Ai C, Zhao C, Xiang C, et al. Gum arabic as a sole wall material for constructing nanoparticle to enhance the stability and bioavailability of curcumin[J]. Food Chemistry: X, 2023, 18: 100724.

[6] Gazolu-Rusanova D, Lesov I, Tcholakova S, et al. Food grade nanoemulsions preparation by rotor-stator homogenization[J]. Food Hydrocolloids, 2020, 102: 105579.

[7] Cai Z, Wei Y, Shi A, et al. Correlation between interfacial layer properties and physical stability of food emulsions: Current trends, challenges, strategies, and further perspectives[J]. Advances in Colloid and Interface Science, 2023, 313: 102863.

[8] Ravera F, Dziza K, Santini E, et al. Emulsification and emulsion stability: The role of the interfacial properties[J]. Advances in Colloid and Interface Science, 2021, 288: 102344.

[9] Zhao X, Wang X, Zeng L, et al. Effects of oil-modified crosslinked/acetylated starches on silver carp surimi gel: Texture properties, water mobility, microstructure, and related mechanisms[J]. Food Research International, 2022, 158: 111521.

[10] Zhang Y, Bai G, Wang J, et al. Myofibrillar protein denaturation/oxidation in freezing-thawing impair the heat-induced gelation: Mechanisms and control technologies[J]. Trends in Food Science & Technology, 2023, 138: 655-670.

[11] 陈婷婷, 郭全友, 包海蓉. 外源添加物和辅助加工技术对鱼糜凝胶动态流变中温度扫描的影响 [J]. 食品与机械, 2023, 39(2): 214-220, 235.

[12] Shi L, Wang X, Chang T, et al. Effects of vegetable oils on gel properties of surimi gels[J]. LWT - Food Science and Technology, 2014, 57(2): 586-593.

[13] 米红波, 王聪, 赵博, 等. 大豆油、亚麻籽油和紫苏籽油对草鱼鱼糜品质的影响 [J]. 食品工业科技, 2017, 38(18): 60-64, 73.

[14] Chang T, Wang C, Wang X, et al. Effects of soybean oil, moisture and setting on the textural and color properties of surimi gels[J]. Journal of Food Quality, 2015, 38(1): 53-59.

[15] Zhu S, Chen X, Zheng J, et al. Emulsion surimi gel with tunable gel properties and improved thermal stability by modulating oil types and emulsification degree[J]. Foods, 2022, 11(2): 179.

[16] Zhang E, Zhao Y, Ren Z, et al. Comparative effects of W/O and O/W emulsions on the physicochemical properties of silver carp surimi gels[J]. Food Chemistry: X, 2023, 20: 100988.

[17] Pei Z, Wang H, Xia G, et al. Emulsion gel stabilized by tilapia myofibrillar protein: Application in lipid-enhanced surimi preparation[J]. Food Chemistry, 2023, 403: 134424.

[18] Xu Y, Yu J, Xue Y, et al. Enhancing gel performance of surimi gels via emulsion co-stabilized with soy protein isolate and κ-carrageenan[J]. Food Hydrocolloids, 2023, 135: 108217.

[19] Feng X, Yu X, Yang Y, et al. Improving the freeze-thaw stability of fish myofibrils and myofibrillar protein gels: Current methods and future perspectives[J]. Food Hydrocolloids, 2023, 144: 109041.

[20] Zhang X, Xie W, Liang Q, et al. High inner phase emulsion of fish oil stabilized with rutin-grass carp (*Ctenopharyngodon idella*) myofibrillar protein: Application as a fat substitute in surimi gel[J]. Food Hydrocolloids, 2023, 145: 109115.

[21] Liu Y, Huang Y, Wang Y, et al. Application of cod protein-stabilized and casein-stabilized high internal phase emulsions as novel fat substitutes in fish cake[J]. LWT - Food Science and Technology, 2023, 173: 114267.

[22] Yu J, Xiao H, Song L, et al. Impact of O/W emulsion stabilized by different soybean phospholipid/ sodium caseinate ratios on the physicochemical, rheological and gel properties of surimi sausage[J]. LWT - Food Science and Technology, 2023, 175: 114461.

[23] Sun X, Lv Y, Jia H, et al. Improvement of flavor and gel properties of silver carp surimi product by Litsea cubeba oil high internal phase emulsions[J]. LWT - Food Science and Technology, 2024, 192: 115745.

[24] Lin M, Cui Y Q, Shi L F, et al. Characteristics of hairtail surimi gels treated with myofibrillar protein-stabilized Pickering emulsions[J].

Journal of the Science of Food and Agriculture, 2024, 104(7): 4251-4259.

[25] Ramírez J A, Uresti R M, Velazquez G, et al. Food hydrocolloids as additives to improve the mechanical and functional properties of fish products: A review[J]. Food Hydrocolloids, 2011, 25(8): 1842-1852

[26] Zhang S, Ramaswamy H S, Hu L, et al. Effect of pressure-shift freezing treatment on gelling and structural properties of grass carp surimi[J]. Innovative Food Science & Emerging Technologies, 2023, 88: 103456.

[27] Lu S, Pei Z, Lu Q, et al. Effect of a collagen peptide-fish oil high internal phase emulsion on the printability and gelation of 3D-printed surimi gel inks[J]. Food Chemistry, 2024, 446: 138810.

[28] Mi H, Liang S, Chen J, et al. Effect of starch-based emulsion with different amylose content on the gel properties of Nemipterus virgatus surimi[J]. International Journal of Biological Macromolecules, 2024, 259: 129183.

[29] Yu J, Song L, Xiao H, et al. Structuring emulsion gels with peanut protein isolate and fish oil and analyzing the mechanical and microstructural characteristics of surimi gel[J]. LWT - Food Science and Technology, 2022, 154: 112555.

[30] Lv Y, Zhao H, Xu Y, et al. Properties and microstructures of golden thread fish myofibrillar proteins gel filled with diacylglycerol emulsion: Effects of emulsifier type and dose[J]. Food Hydrocolloids, 2023, 144: 108935.

[31] Xu Y, Lv Y, Zhao H, et al. Diacylglycerol pre-emulsion prepared through ultrasound improves the gel properties of golden thread surimi[J]. Ultrasonics Sonochemistry, 2022, 82: 105915.

[32] Qin L, Fu Y, Yang F, et al. Effects of polysaccharides autoclave extracted from *Flammulina velutipes* mycelium on freeze-thaw stability of surimi gels[J]. LWT - Food Science and Technology, 2022, 169: 113941.

[33] Liu X, Ji L, Zhang T, et al. Effects of pre-emulsification by three food-grade emulsifiers on the properties of emulsified surimi sausage[J]. Journal of Food Engineering, 2019, 247: 30-37.

[34] 沈志文, 王璇, 李赤翎, 等 . 油脂对鱼糜凝胶品质的影响研究进展 [J]. 中国油脂 , 2023, 48(9): 37-42, 74.

[35] Kim S M, Kim H W, Park H J. Preparation and characterization of surimi-based imitation crab meat using coaxial extrusion three-dimensional food printing[J]. Innovative Food Science & Emerging Technologies, 2021, 71: 102711.

[36] Sarker M Z I, Elgadir M A, Ferdosh S, et al. Effect of some biopolymers on the rheological behavior of surimi gel[J]. Molecules, 2012, 17(5): 5733-5744.

实验 2
面制品制备工艺与消化特性分析——以低 GI 面条为例

实验 2-1 面团的动态流变学特性测定

一、背景知识

荞麦是蓼科荞麦属的一年生草本植物，近年来因其丰富的营养价值和显著的食疗效果受到了广泛关注。荞麦中淀粉含量在 60% ～ 70% 之间，其中 7.5% ～ 35% 的淀粉与黄酮类化合物紧密结合，形成了不易被淀粉酶水解的抗性淀粉 [9,10]。这种抗性淀粉在功能上与膳食纤维相似，不仅有助于降低血液中的胆固醇水平，还能预防便秘、结肠癌等疾病发生 [11,12]。因此，对于糖尿病患者而言，荞麦不仅是一种营养食品，更是一种理想的膳食补充剂 [13,14]。然而，荞麦粉由于缺乏面筋蛋白，无法形成面筋网络结构，导致它无法单独与水混合形成具有弹性的面团。因此，荞麦粉在制作面条、面包等面制品时，通常需要与小麦粉复配使用。当荞麦粉加入到小麦粉中比例过高时，面粉中面筋蛋白的比例减少，可能会削弱面团的面筋网络，导致面团的弹性和韧性下降。这种面筋网络的弱化可能会影响最终食品的质地和结构。

面团作为一种复杂的黏弹性体系，不仅具有液体材料的黏附性，还具有固体材料的弹性，其流变特性直接影响着面条、面包、糕点等面制品的质构和口感 [15,16]。了解面团的流变学特性，不仅可以优化生产工艺，提高产品质量，还能为新产品的开发提供理论依据。通过对面团进行应力 - 应变测试（包括频率扫描、振幅扫描、温度扫描和时间扫描），可以获得面团的储能模量、损耗模量和损耗因子等信息，从而反映面团的流变学特性。

二、实验目标

（1）掌握流变仪的操作与使用。
（2）理解荞麦粉等杂粮粉的添加对面团流变学特性影响的原理。

三、实验原理

储能模量（G'），亦称为弹性模量，是衡量物质弹性特性的关键指标，可以反映物质的强度与刚性。相对地，损耗模量（G''），也称为黏性模量，是描述物质黏性特征的关键指标，与物质的流动性和黏度直接相关。损耗因子（$\tan\delta$）则是损耗模量与储能模量的比值，用以量化物质的黏弹性质 [17]。当 $\tan\delta$ 值低于 1，表明体系中物质的弹性占主导，流动性相对较低；反之，若 $\tan\delta$ 值超过 1，则表明黏性更为显著，流动性更佳。在频率扫描过程中，如果随着频率上升，面团的 G' 和 G'' 均呈现增加趋势，则表明面团具有典型的黏弹性行为 [18]。$\tan\delta$ 值反映了面团的综合黏弹性性质，较低的 $\tan\delta$ 值表示面团较为坚硬，而松弛又黏稠的面团则具有较大的 tanδ 值。此外，当 tanδ 值小于 1 时，其大小还可以反映面团中高分子结构的交联程度，tanδ 值越小，交联程度越大[15]。

四、实验器材

1. 仪器与设备

流变仪、和面机。

2. 材料与试剂

荞麦粉、小麦粉、盐、保鲜膜、刮板、硅油。

五、操作步骤

1. 面团的制备

将荞麦粉与小麦粉按照 0∶10、2∶8、4∶6、6∶4 的质量比混合均匀，控制总粉质量为 500g。将混合粉加入到和面机中，加入 250mL 水和 5g 盐（盐溶解在水中），低速搅拌和面。当料胚手握成团，轻搓仍为松散的面絮时取出，将面絮揉成面团，用保鲜膜包裹后置于室温下醒面 30min。

2. 面团的动态流变学测试

（1）振幅扫描。选取直径为 40mm 的平板夹具，狭缝距离 1mm。取适量面团置于两块平板间，用刮板刮去多余的面团样品，并用硅油涂抹面团边缘，防止水分挥发。开始测试前，面团在两板之间静置 5min 进行松弛。流变仪的温度设置为 25℃，角频率为 10rad/s进行振幅扫描，确定面团的线性黏弹区域（linear viscoelastic region, LVR）。

（2）频率扫描。设置应变为 0.5%，频率 0.1 ～ 40Hz，进行频率扫描，测定面团的 G' 和 G''，损耗因子 tanδ 代表面团黏性和弹性的比例，平行测定 3 次。

六、实验结果

将得到的数据使用 Origin 作图，比较不同荞麦粉与小麦粉比例得到的面团的储能模量和损耗模量以及它们的变化趋势。

七、实验关键点

（1）在使用流变仪前，先打开气泵和阀门，观察压力表，当压力到达 30psi 后再等待30min，使其稳定。

（2）操作时先取下黑色保护盖，开主机，等待温度压力显示正常。

（3）先打开电脑，再开水浴。

（4）打开软件，如果不能连接，点击右键 reset TA，如果成功连接，按照以下步骤操作：选项—仪器—惯量—校准，等待其完成。

（5）安装夹具：根据自己的需求选取平板或者锥板。

（6）校准过后再设置测量程序。

（7）样品尽量放在圆心的位置，这样溢出来也比较均匀，太偏会出现一边没有充满，另一边溢出过多的情况。

（8）逐步下降到测量距离后，点击运行。抬高平板换样品，逐步下降平板，运行；如此往复。测试结束后，保存数据用于分析。

（9）测试结束。间隙调整到 50000，使机头提升到高位，清理样品台，去下夹具，清理干净夹具，关闭软件，关闭水浴，关闭流变主机的开关，装上黑色保护套，关闭电脑主机，关闭空压机。不用关闭阀门。

八、实验讨论与反思

（1）流变测试中水浴循环的作用是什么？

（2）为什么要先测试样品的 LVR？如果不在 LVR 内测试，会对实验结果造成什么影响？

九、拓展思考

LVR 是指执行测试而不破坏样品结构的应变范围。本实验通过频率扫描探究了面团在 LVR 内的流变特性。如果还想探究面团在非 LVR 内的流变特性，可以进行什么实验来测定？

实验 2-2　低 GI 面条的制备和蒸煮性质测定

一、背景知识

面条，作为中国的传统美食，拥有超过 4000 年的悠久历史[11]。随着时代发展，人们的饮食观念已由单纯的"吃饱"转变为"吃好"，追求更健康、更营养的饮食方式。然而，以面条为代表的精细化食品不仅营养单一，还会导致血糖水平剧烈波动[12]。近年来，肥胖和糖尿病的发病率不断攀升，目前全球约有 5.37 亿糖尿病患者，预计到 2045 年这一数字将增至 7 亿。在这种背景下，预防和控制这些慢性疾病已成为食品研发的新方向。

血糖生成指数（glycemic index, GI）是衡量食品对血糖影响的重要指标，根据 GI 值的不同，食品可分为低 GI（GI＜55）、中 GI（55≤GI≤70）和高 GI（GI≥70）三大类。如图 2-1 所示，低 GI 食品能够减缓血糖的上升速度，减少血糖水平剧烈波动，从而降低糖尿病的发病风险[13,14]。其中，低 GI 面条通过延长淀粉和糖分的消化吸收时间，实现能量的缓慢释放，减轻胰岛素分泌的负担，有助于维持餐后血糖的稳定，对于控制体重和预防慢性疾病具有积极作用[15,16]。面条的蒸煮特性，如吸水率、延伸率和熟断条率等，是评价低 GI 面条品质的重要指标。通过这些指标的综合评价，可以全面了解面条的食用品质和健康效益，为消费者提供更健康、更营养的面食选择。

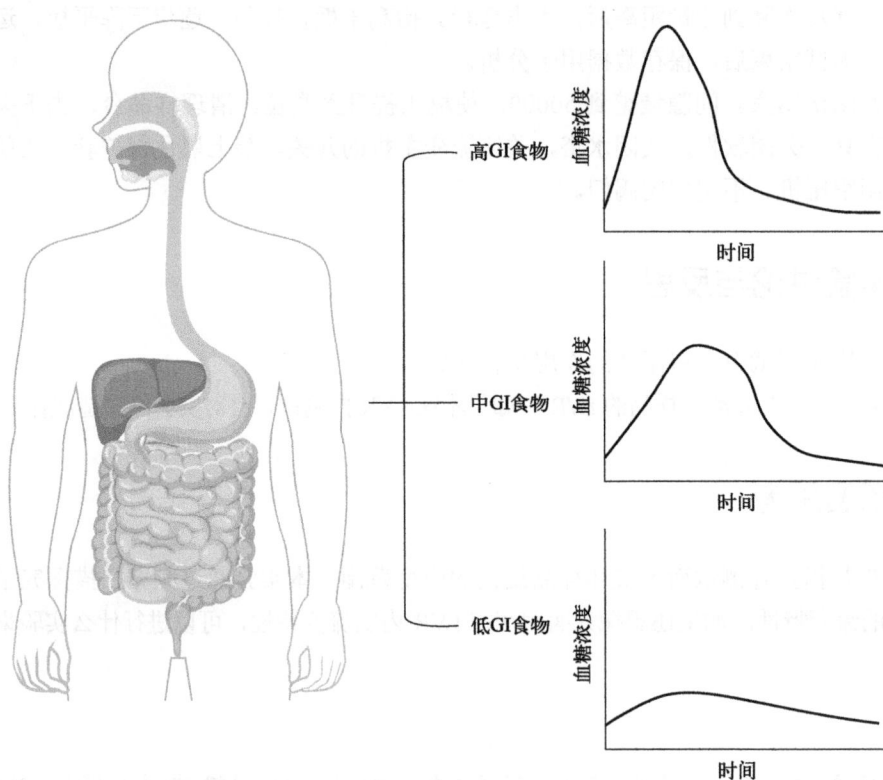

图 2-1　人体摄入低、中、高 GI 食物后的血糖应答曲线

二、实验目标

（1）掌握低 GI 面条的制备方法和基本流程。

（2）了解并掌握面条品质检验所规定的标准和要求。

三、实验原理

面条在烹饪过程中的蒸煮损失与多种因素有关，主要涉及淀粉和蛋白质等可溶性成分的溶出，这一现象与面条中的湿面筋含量呈现出显著的负相关性[17,18]。适量添加荞麦粉能够对面条的蒸煮特性产生积极影响。然而，荞麦粉的添加量过大，会使其对面筋网络结构的破坏作用逐渐显现，从而减弱对面筋颗粒的包裹能力。这一现象导致面条在蒸煮过程中，未被有效包裹的淀粉颗粒容易溶入面汤，引起面汤浑浊，进而增加了蒸煮损失率。此外，荞麦粉的加入还能在一定程度上提高面条的吸水率，这是因为荞麦粉中的纤维成分在初期能够促进吸水。然而，当荞麦粉的添加量达到一定程度时，纤维的引入量增多，可能会导致吸水率出现下降趋势。这是因为过量的纤维成分对面筋蛋白网络结构造成了破坏，使得淀粉、蛋白质以及纤维等吸水性成分在蒸煮过程中更容易流失，从而导致吸水率降低。

四、实验器材

1. 仪器与设备

面条机。

2. 材料与试剂

实验 2-1 中制备的面团、玻璃板、竹筷、滤纸、电磁炉。

五、操作步骤

1. 面条的制备

将面团放入面条机的面板上，首先在面条机压辊轧距间隙 4mm 处进行压片，重复压片 3 次；然后在面条机压辊轧距间隙 2mm 处进行压片，重复 3 次，制得 0.5mm 厚的面带。将面带的长度统一修剪为 20cm，然后切成宽度为 2.0mm 的面条。

2. 最佳蒸煮时间

取 20 根面条放入 500mL 的沸水中，从 2min 开始取样，每次取 1 根，之后每隔 30s 取样 1 次，用两块玻璃板压扁，面条中间的白芯消失的时间记录为最佳蒸煮时间。

3. 面条的吸水率

取 20 根面条称重（m_2），随后放入 500mL 沸水中煮至最佳蒸煮时间，立刻将面条捞出，置于冷水中浸泡 10s。用滤纸将面条表面的水分吸干后立即称重（m_1），面条的吸水率计算公式为：

$$面条吸水率 = \frac{m_1 - m_2}{m_2}$$

4. 面条的延伸率

取 30 根长度一致的面条（l_1），放入 500mL 的沸水中，煮至最佳蒸煮时间将面条挑出，测定熟面条的长度（l_2），按照下式计算面条的延伸率：

$$延伸率 = \frac{l_2 - l_1}{l_1}$$

5. 面条的熟断条率

随机抽取完整的面条 40 根，放入 500mL 的沸水中煮至最佳蒸煮时间后将面条挑出，数取完整的面条根数（n），按照下式计算熟断条率：

$$熟断条率 = \frac{40 - n}{40}$$

六、实验结果

将面条蒸煮性质的相关结果填入表 2-1 中。

表2-1　低GI面条的蒸煮性质

荞麦粉与小麦粉比例	最佳蒸煮时间 /s	吸水率 /%	延伸率 /%	熟断条率 /%
0∶10				
2∶8				
4∶6				
6∶4				

七、实验关键点

（1）测定面条吸水率时，要用滤纸尽可能把面条表面的水分除去，以免对结果造成误差。

（2）测定面条延伸率和熟断条率时，煮至最佳蒸煮时间后要用竹筷将面条轻轻挑出，防止在取出面条的操作过程中面条变形甚至断裂。

八、实验讨论与反思

（1）随着荞麦粉添加比例增加，面条的最佳蒸煮时间、吸水率、延伸率和熟断条率各有什么变化？请从微观角度解释为什么会发生这种变化。

（2）除了吸水率、延伸率和熟断条率，还有什么能反映面条蒸煮特性的指标？请列举几种并说明其测定方法。

九、拓展思考

复配荞麦粉和小麦粉可以制备低 GI 面条，但是荞麦粉添加比例过高会对面条的蒸煮特性等有很大的负面影响。那么，可否加入一些外源添加物或进行一些预处理来改善高荞麦粉比例面条的蒸煮特性？如果可以，请列举。如果不可以，请说明理由。

实验 2-3　低 GI 面条的质构性能测定

一、背景知识

　　质构仪通过多种测试模式来评估食品的机械特性，其中包括压缩测试、TPA 描述性分析、穿刺实验和拉伸试验等 [19,20]。TPA 测试不同的装置可以测定不同的参数，在压缩测试中，通常选用柱形探头，确保样品面积小于探头面积，以便在设定的压缩比例下测量食品的质构属性，如水果的抗压强度、糖果的软硬度和火腿肠的硬度 [21]；柱形或锥形探头可以测定食品的硬度、脆性、黏附性、弹性、内聚性和咀嚼性等关键参数 [22]；穿刺实验使用针状或锥状探头，能够测定夹心糖果的填充物特性、凝胶的强度以及水果的成熟度 [23]；而拉伸试验则通过不同的拉伸装置来评估意大利面、中式面条和口香糖片等材料的抗拉伸性能 [24]。这些测试不仅为研究人员提供了量化食品质构特性的手段，也为消费者和生产者提供了食品品质的重要信息。通过精确的质构分析，可以更好地理解食品的感官属性，指导食品的研发和质量控制。面条的质构特性是决定其食用品质的关键因素，对于生产过程至关重要，同时也是感官评价中的一项重要客观指标 [25]。面条的质构特性能够反映其内部组织结构的特点，硬度是衡量面条整体质地的一个重要参数，咀嚼性和黏附性直接关系到面条的适口性，抗拉伸力则反映了面条的韧性和弹性 [26,27]。

二、实验目标

　　（1）掌握质构仪的操作与原理。
　　（2）掌握荞麦粉添加量对面条质构性质的影响规律。

三、实验原理

　　荞麦粉缺乏面筋蛋白，当其与小麦粉混合后，随着荞麦粉比例增加，会对面筋蛋白网络产生稀释效应。这种稀释作用逐渐削弱了面条内部结构的完整性，影响了面条的质构属性和拉伸特性，导致面条的筋力下降，硬度降低，降低了面条的整体感官品质。此外，面条的硬度和咀嚼性也受到直链淀粉含量的影响。较低的直链淀粉含量通常会导致面条的硬度和咀嚼性降低 [28]。因此，面条的质构特性不仅受面筋蛋白网络的影响，也与淀粉的组成密切相关。在面条的生产过程中，需要综合考虑各种原料的比例和特性，以确保最终产品能够满足消费者的期望和品质标准。

四、实验器材

1. 仪器与设备

质构仪。

2. 材料与试剂

实验 2-2 中制备的低 GI 面条和普通面条、滤纸。

五、操作步骤

1. 面条的TPA测试

将面条煮至最佳蒸煮时间后立刻捞出，在流水下冲淋 30s，用滤纸将表面的水吸干，然后立即进行 TPA 测试。以三根面条为一组，在测试前将面条用剪刀剪成相同的长度，平铺于载物台上。选用 P/36R 探头，采用压缩测量模式，设置测试前、后速度为 2mm/s，测试速度为 1mm/s，压缩形变量 75%，触发力 5g，2 次压缩的间隔时间为 3s；平行测定 5 次。

2. 面条的拉伸测试

将面条煮至最佳蒸煮时间后立刻捞出，在流水下冲淋 30s，捞出后用滤纸吸干面条表面水分。随后，取一根面条缠绕在 A/SPR 探头上，进行拉伸测试。设置测前速度和测试速度为 2mm/s，测后速度为 10mm/s，触发力为 5g，拉伸距离为 100mm；平行测定 5 次。

六、实验结果

将实验结果填入表 2-2 中。

表2-2　低GI面条的质构特性

荞麦粉与小麦粉比例	硬度 /g	咀嚼性	黏附性 /（g·s）	抗拉伸力 /g	拉伸距离 /mm
0 : 10					
2 : 8					
4 : 6					
6 : 4					

七、实验关键点

（1）面条样本的宽度、厚度和长度要一致，以保证测试结果的可重复性和准确性。

（2）在测试前对质构仪进行校准，确保测量的准确性和可靠性。

（3）面条样品平铺在载物台上时，三根面条要平行且等距放置。平行实验时，样品的放置位置要一致。

八、实验讨论与反思

（1）面条的质构特性与其蒸煮性质是否存在相关性？

（2）如果增加荞麦粉的添加比例，面条的硬度、咀嚼性、黏附性、抗拉伸力和拉伸距离会如何变化？

九、拓展思考

除了 TPA 和拉伸测试，还可以使用质构仪的哪些模式来测定低 GI 面条的质构特性？

实验 2-4　低 GI 面条的感官评定

一、背景知识

感官评分是评估低 GI 面条品质的重要手段，它涉及对面条的色泽、香气、口感、硬度、弹性和咀嚼性等多个维度的综合评价 [29]。与传统面条相比，低 GI 面条在感官特性上可能有所差异。感官指标是描述和判断低 GI 面条质量最直观的指标，合理而科学的感官指标能反映低 GI 面条的特征品质和质量要求 [30,31]。在进行感官评分时，通常需要经过专业培训的评价员，以准确地识别和描述面条的各种感官属性。评价员会根据面条的色泽是否鲜亮、香气是否诱人、口感是否滑爽、硬度是否适中、弹性是否良好以及咀嚼性是否令人满意等方面进行评分。随着健康饮食理念普及，低 GI 面条的市场需求不断增长。通过科学的感官评分系统，可以更好地引导消费者了解和认识低 GI 面条的独特价值，促进健康食品的普及和发展。

二、实验目标

（1）掌握面条感官分析的方法。

（2）掌握感官评分的评分依据与标准。

三、实验原理

感官评分的结果与质构测试的结果具有高度的相关性。当荞麦粉的添加量增多时，它会破坏面条中的蛋白质 - 淀粉基质，导致原本紧密的网络结构变得松散。这种结构变化减弱了对淀粉颗粒的包裹力，使得直链淀粉在面条蒸煮时更容易溶出。面条表面会黏附更多的淀粉颗粒，使得面条的黏性增大，面条的口感和感官接受性下降。

四、实验器材

实验 2-2 中制备的生面条和熟面条。

五、操作步骤

根据低 GI 面条的特殊色泽和食味特征，从生面条色泽和气味、熟面条色泽、熟面条表观状态、熟面条适口性（软硬度）、熟面条弹性、熟面条光滑性和熟面条食味制定面条的感官评定标准，分别打分。其中，熟面条适口性（软硬度）是指用力咬断一根面条所需的力的大小。感官评定小组由 6 ～ 10 人组成。实验重复 3 次，实验结果为 3 次实验的平均值。低 GI 面条的感官评定标准如表 2-3 所示。

表2-3　低GI面条感官评分表

评价指标	评价方法	分数 / 分
生面条色泽	亮白或黄亮	8 ～ 10
	亮度一般或稍暗	4 ～ 7
	灰暗	0 ～ 3
生面条气味	具有麦香味	8 ～ 10
	无异味	4 ～ 7
	有异味	0 ～ 3
熟面条色泽	亮白或黄亮	8 ～ 10
	亮度一般或稍暗	4 ～ 7
	灰暗	0 ～ 3
表面状态	表面光滑、有明显透明质感	8 ～ 10
	表面较光滑、透明质感不明显	4 ～ 7
	表面粗糙、明显膨胀	0 ～ 3
软硬度	软硬合适	8 ～ 10
	稍软或稍硬	4 ～ 7
	很软或很硬	0 ～ 3
弹性	弹性好	20 ～ 25
	弹性一般	10 ～ 19
	弹性差	0 ～ 9
光滑性	光滑爽口	16 ～ 20
	较光滑	10 ～ 15
	不爽口	0 ～ 9
食味	具有麦香味	3 ～ 5
	基本无异味	0 ～ 2

六、实验结果

将感官评分的结果填入表2-4中。

表2-4 低GI面条感官评分结果

单位：分

荞麦粉与小麦粉比例	生面条色泽	生面条气味	熟面条色泽	表面状态	软硬度	弹性	光滑性	食味	总分
0：10									
2：8									
4：6									
6：4									

七、实验关键点

（1）确保所有评价样本的一致性和代表性，避免样本之间的差异影响评价结果。

（2）根据评价小组的综合评价结果计算平均值，个别品评误差超过平均值10分以上的数据应该舍弃，舍弃后重新计算平均值。最后以综合评分的平均值作为低GI面条品质评价实验结果。

八、实验讨论与反思

请结合低GI面条的蒸煮性质、质构性质和感官评分选定合适的荞麦粉添加比例，并说明理由。

九、拓展思考

除了感官评分，还有哪些仪器分析与化学计量学的方法可以用于面条的感官评价？请举例说明。

实验 2-5 低 GI 面条的总淀粉含量测定

一、背景知识

淀粉作为低 GI 面条原料中的主要组成部分，其理化特性对面条的加工性能和食用品质起着决定性作用[32]。过高的总淀粉含量会导致面条的筋力和强度下降，对面条的整体品质产生负面影响。随着淀粉含量增加，面条的最佳蒸煮时间缩短，同时面条的膨胀指数提高，这可能导致面条硬度增加，对口感产生不良影响。此外，淀粉含量的增加也会导致面条的黏度值上升[33]。作为淀粉的两种主要类型，直链淀粉和支链淀粉的含量以及直链/支链比是评估淀粉性质和面条品质的关键指标[34]。有研究表明，直链淀粉的含量与淀粉的老化回生、凝胶化能力以及面条的质构和烹饪特性紧密相关[35]。

二、实验目标

（1）学习酶水解法测定总淀粉含量的原理及方法。

（2）掌握酶水解法操作要点及影响因素。

三、实验原理

试样先经乙醚、乙醇洗涤，除去脂肪、可溶性糖。淀粉先被淀粉酶酶解，接着又被盐酸水解，生成葡萄糖，将测定葡萄糖的含量通过葡萄糖和淀粉的换算系数计算得到总淀粉含量。在测定葡萄糖含量的过程中，首先将等量的碱性酒石酸铜甲液、乙液混合，生成天蓝色的氢氧化铜沉淀。沉淀立即与酒石酸钾钠反应，生成深蓝色的可溶性酒石酸钾钠铜络合物。当此络合物与葡萄糖共热时，二价铜立即被葡萄糖还原为一价的氧化亚铜沉淀，氧化亚铜与亚铁氰化钾反应，能生成可溶性化合物。当滴定达到终点时，稍微过量的葡萄糖将蓝色的亚甲蓝还原成无色，表现为溶液的蓝色刚好褪去，溶液呈淡黄色。根据葡萄糖标准溶液标定碱性酒石酸铜溶液相当于葡萄糖的质量，以及测定样品液所消耗的体积，计算葡萄糖含量。通过葡萄糖折算成淀粉的换算系数，计算样品中的总淀粉含量。

四、实验器材

1. 仪器与设备

40目筛、天平、恒温水浴锅、回流装置、250mL锥形瓶、电炉、滴定管。

2. 材料与试剂

（1）实验2-2中制备的低GI面条和普通面条。

（2）盐酸。

（3）碱性酒石酸铜甲液：准确称量15g五水合硫酸铜和0.05g亚甲蓝溶于一定体积的水中，随后稀释至1000mL。

（4）碱性酒石酸铜乙液：准确称量50g酒石酸钾钠和75g氢氧化钠，溶于一定体积的水中，随后加入4g亚铁氰化钾，待其完全溶解后，稀释至1000mL。

（5）200g/L氢氧化钠溶液：称取20g氢氧化钠，加水溶解并稀释到100mL。

（6）盐酸溶液（1∶1）：将盐酸与水等体积混合均匀。

（7）5g/L 淀粉酶溶液：准确称量 0.5g α- 淀粉酶，溶解于 100mL 水中。

（8）碘溶液：准确称量 3.6g 碘化钾溶解于 20mL 水中，加入 1.3g 碘，溶解后加水稀释到 100mL。

（9）2g/L 甲基红指示液：准确称量 0.2g 甲基红，溶解于少量 95% 乙醇中，随后转移至 100mL 容量瓶中，定容至刻度。

（10）10g/L α- 萘酚乙醇溶液：准确称量 1g 萘酚，溶解于一定量的 95% 乙醇中，并用 95% 乙醇稀释至 100mL。

（11）以实验 2-4 中选定的荞麦粉添加比例制备的低 GI 面条（记为低 GI 面条）和小麦粉制备的面条（记为普通面条）。

五、操作步骤

1. 葡萄糖标准溶液的配制

将无水 D- 葡萄糖在 100℃下干燥 120min。准确称取干燥后的无水 D- 葡萄糖 1.000g，溶解于少量水后加入 5mL 盐酸，随后转移至 1000mL 容量瓶中，用水定容至刻度。该溶液每毫升相当于 1.00mg 葡萄糖。

2. 面条样品的预处理

将面条磨碎后过 40 目筛，然后称取 3g 样品（精确到 0.001g），置于放有滤纸的漏斗中，先用 50mL 乙醚分 5 次清洗以去除脂肪，再用 85% 乙醇分次洗去可溶性糖类至微糖检验结果为阴性。在洗涤过程中，可以使用玻璃棒轻轻搅拌以帮助样品分散。

微糖检验方法：取 2mL 洗涤液于试管中，加入 α- 萘酚乙醇溶液（10g/L）4 滴，沿管壁缓缓加入浓硫酸 1mL。在水与酸的界面出现紫色环则判断为阳性，在水与酸的界面出现黄绿色环则判定为阴性。

滤干乙醇溶液后，将滤纸上的残留物质转移至 250mL 烧杯中，使用 50mL 的水洗净滤纸，将清洗液一同并入烧杯内。将烧杯置于沸水浴中，继续加热直至样品糊化完全，此过程大概需要 15min。待样品冷却至 60℃以下，向其中加入 20mL 淀粉酶溶液。在 60℃下，保持搅拌并保温 1h。使用滴管取一滴该溶液，滴加一滴碘液进行检测。如果出现蓝色，需重新加热至糊化状态，并再次加入 20mL 淀粉酶溶液，继续在 60℃下搅拌并保温，直至加入碘液后不再呈现蓝色为止。

将试样溶液加热至沸腾状态，待其冷却后，转移至 250mL 容量瓶中。用少量水清洗烧杯，并将清洗液也转移到容量瓶中。随后，向容量瓶中加水至刻度线，并充分摇匀。完成这些步骤后，进行过滤操作，丢弃最初的滤液。量取 50.00mL 的滤液，转移至 250mL 锥形瓶中。向其中加入 5mL 盐酸溶液，并安装回流冷凝器。将锥形瓶置于沸水浴中，回流 1h。冷却后，滴入 2 滴甲基红指示剂。使用质量浓度为 200g/L 的氢氧化钠溶液进行中和，直至溶液达到中性。将中和后的溶液转移到 100mL 容量瓶中，并清洗锥形瓶，将洗液也一并加入容量瓶中。最后，向容量瓶中加水至刻度线，并充分混合。

3. 标定碱性酒石酸铜溶液

将 5.0mL 碱性酒石酸铜甲液与 5.0mL 碱性酒石酸铜乙液混合，置于 150mL 锥形瓶中，同时加入 10mL 蒸馏水和 2 粒玻璃珠。通过滴定管滴加大约 9mL 葡萄糖标准溶液，确保在 2min 内加热至沸腾。达到沸腾状态后，趁热继续滴加葡萄糖标准溶液，以每 2s 一滴的速度进行，直至溶液的蓝色刚好完全褪去，显现出淡黄色，此为反应的终点。记录此过程中消耗的葡萄糖标准溶液的总体积。为了确保结果的准确性，进行 3 次平行试验，并计算这 3 次试验中葡萄糖标准溶液消耗量的平均值。根据下述公式，计算每 10mL 碱性酒石酸铜溶液（包含 5mL 甲液和 5mL 乙液）所对应的葡萄糖质量。

$$M = C \times V_s$$

式中，M 为 10mL 碱性酒石酸铜溶液相当于葡萄糖的质量，mg；C 为葡萄糖标准溶液的质量浓度，mg/mL；V_s 为标定 10mL 碱性酒石酸铜溶液所消耗的葡萄糖标准溶液的体积，mL。

4. 样品溶液的预测

分别吸取 5.0mL 的碱性酒石酸铜甲液和乙液，置于 150mL 锥形瓶中。向锥形瓶中加入 10mL 蒸馏水和 2 粒玻璃珠，在 2min 内将溶液加热至沸腾状态。在沸腾状态下，开始滴加试样溶液，初始滴加速度较快，随着溶液颜色逐渐变浅，逐渐减慢滴加速度，以每 2s 一滴的速率继续滴定。当观察到溶液的蓝色完全消失，变为淡黄色时，停止滴加，此为滴定终点。记录下消耗的试样溶液体积。如果试样溶液中的葡萄糖浓度过高，应先进行适当稀释，然后再进行正式测定，确保每次滴定时消耗的试样溶液体积与标定碱性酒石酸铜溶液时消耗的葡萄糖标准溶液体积相近，大约为 10mL。记录消耗的试样溶液总体积，作为正式滴定参考用。

5. 样品溶液的测定

分别吸取 5.0mL 的碱性酒石酸铜甲液和乙液，置于 150mL 锥形瓶中。向锥形瓶中加入 10mL 蒸馏水和 2 粒玻璃珠，滴定管中加入比预测体积少 1mL 的试样溶液至锥形瓶中，在 2min 内将溶液加热至沸腾状态。沸腾状态下，继续趁热滴定，初始滴速较快，随后逐渐减慢至每 2s 一滴，直至溶液的蓝色完全消失并转变为淡黄色，此为滴定终点。记录在此过程中消耗的试样溶液体积，进行 3 次平行试验，并计算平均消耗体积，根据以下公式计算结果：

$$X_1 = \frac{M}{\dfrac{50}{250} \times \dfrac{V_1}{100}}$$

式中，X_1 为所称试样中葡萄糖的质量，mg；M 为 10mL 碱性酒石酸铜溶液相当于葡萄糖的质量，mg；V_1 为测定时平均消耗试样溶液的体积，mL。

6. 试剂空白的测定

同时量取 20.0mL 的水以及与试样溶液处理时相同量的淀粉酶溶液。用葡萄糖标准溶液滴定试剂空白溶液至终点，记录消耗的体积，该体积与标定时消耗的葡萄糖标准溶液体积之差相当于 10mL 样液中所含葡萄糖的量。结果按照以下公式计算：

$$X_0 = \frac{M(1-\frac{V_0}{V_s})}{\frac{50}{250} \times \frac{10}{100}}$$

式中，X_0 为试剂空白值，mg；M 为 10mL 碱性酒石酸铜溶液相当于葡萄糖的质量，mg；V_0 为加入空白试样后所消耗的葡萄糖标准溶液体积，mL；V_s 为标定 10mL 碱性酒石酸铜溶液所消耗的葡萄糖标准溶液的体积，mL。

7. 总淀粉含量的计算

样品中的总淀粉含量按照下式计算：

$$X = \frac{(X_1 - X_0) \times 0.9}{m \times 1000} \times 100$$

式中，X 为试样中淀粉的含量，g/100g；m 为试样质量，g；0.9 为葡萄糖折算成淀粉的换算系数；100 为换算系数。

六、实验结果

试剂空白的测定中，V_0 =_____mL，那么 X_0 =_____mg。将其余实验结果填入表 2-5 中。

表2-5　低GI面条的总淀粉含量

组别	标准葡萄糖溶液预加体积 /mL	后滴加标准葡萄糖溶液体积 /mL	V_s/mL	M/mg
碱性酒石酸铜溶液的标定				
样品的滴定				
碱性酒石酸铜溶液的标定				
样品的滴定				

低 GI 面条的总淀粉含量为_____g/100g。

普通面条的总淀粉含量为_____g/100g。

七、实验关键点

（1）操作乙醚等有机溶剂时，请在通风橱中进行，并佩戴好实验服、口罩、手套等防护用品。

（2）检验微糖时，由于洗涤液中存在乙醇和水，因此再加入浓硫酸时，要沿着试管壁缓慢加入，且试管口朝向不能对着人。

（3）在标定碱性酒石酸铜溶液的后 2 次平行操作中，后滴定的葡萄糖标准溶液应控制在 0.5 ～ 1mL，否则要增加葡萄糖标准溶液的预加量并重新滴定。

（4）滴定过程中滴定装置不能离开热源，让上升的蒸汽阻止空气进入溶液，以免影响对滴定终点的判断。

（5）碱性酒石酸铜甲液、乙液应分别存放，临用时再等量混合。

八、实验讨论与反思

（1）葡萄糖标准溶液需要现配现用吗？为什么？

（2）在样品的预处理步骤中，乙醚的洗涤是为了洗去脂肪，乙醇的洗涤是为了洗去可溶性糖类。如果不进行洗涤，会对实验结果造成什么样的影响？

（3）为什么要弃去初滤液？

（4）在锥形瓶中加入玻璃珠的作用是什么？

（5）样品溶液预测的目的是什么？

九、拓展思考

（1）当试样浓度过低，25.0mL 无法滴定到终点时，应该怎么办？

（2）本实验在滴定至终点时，蓝色消失，溶液呈淡黄色，过后溶液又会重新变成蓝紫色，这是为什么？

实验 2-6　低 GI 面条的体外消化特性分析

一、背景知识

所有生物体，包括人类，都依赖食物来获取能量，以维持生命活动和身体机能的正常运作。食物中的营养成分在胃肠道（gastrointestinal tract, GIT）内经历一系列消化过程，被分解成更小的分子，从而被机体吸收。这些分子随后被转化为能量，或用于构建和修复身体的组织，为机体的生长提供必需的物质基础。一般而言，成年人每天需要摄入大约 800g 食物和 2L 水来满足这些基本需求[36]。在这些能量来源中，以淀粉为主的碳水化合物占据了主导地位。在 GIT 各器官的转运过程中，摄入的淀粉类食物会因物理和化学分解过程而发生结构变化。在被小肠吸收进入血液之前，淀粉会被水解成葡萄糖，葡萄糖逐渐进入血液循环，进而影响餐后血糖水平。GI 是样品食物与参比食物（葡萄糖或白面包）摄取后一定时间内血糖应答曲线积分面积的比值。因此，淀粉的消化特性是决定食品 GI 值的关键因素，可以指导低 GI 食品的开发。目前 GI 的测定主要通过人体血糖测试、动物实验以及体外消化模型来进行[37-40]。其中，体外消化模型因其不需要伦理委员会批准，测试周期短、成本低的优点而应用广泛。体外消化模型分为静态、半动态和动态消化模型，这些模型可以通过模拟上消化道（口腔、胃和小肠）的生理环境，预测并分析食物在人体内消化结果和消化行为的研究方法。相比于其他两种消化模型，体外静态模型中每个消化阶段的 pH 值是固定的，且食物量与酶和电解质的比例恒定，这种简便易操作的优点使其在近年来被广泛应用于食品、医药和动物饲料等行业 [41-44]。

淀粉的消化速率在不同时间段内表现出差异，据此可将淀粉分为三个主要类别：快消化淀粉（rapidly digestible starch，RDS），它在 0 ～ 20min 内迅速被消化；慢消化淀粉（slowly digestible starch，SDS），消化过程在 20 ～ 120min 内完成；抗性淀粉（resistant starch，RS），它在 120min 内不被消化。RDS 的迅速消化作用能够立即提升餐后血糖水平，为人体活动提供即时能量。因此，高 RDS 含量的食品会导致餐后血糖浓度急剧上升，若长期摄入，可能增加患 2 型糖尿病等饮食相关代谢性疾病的风险。相对而言，SDS 含量高的食品消化特性平缓，能够维持餐后血糖的稳定，对健康更为有益 [45,46]。与 RDS 和 SDS 不同，食品中的 RS 通常在人体上消化道中难以消化，甚至完全不被消化。RS 在结肠中通过微生物群的发酵作用，能够产生短链脂肪酸等有益物质，这不仅有助于调节肠道微生物平衡，还可能预防代谢性疾病的发生 [47]。

二、实验目标

（1）掌握静态体外消化模型模拟消化的原理及操作步骤。
（2）掌握静态体外消化模型模拟消化的影响因素。

三、实验原理

食物进入口腔，在唾液的浸润和咀嚼作用下迅速转化为食糜，此时唾液中的 α- 淀粉酶开始作用，将部分淀粉分解为麦芽糖。随后，食糜通过食道运输至胃中，在胃的酸性环境和胃蛋白酶的作用下，唾液淀粉酶失去活性，食物基质进一步被分解成柔软的糊状。随着胃排空，食糜被送入小肠，这里是淀粉消化吸收的主要场所。在胆汁的乳化作用和胰酶的协同下，肠道蠕动进一步将食物基质分解，淀粉在此过程中被胰淀粉酶分解成麦芽三糖或极限糊精等中间产物。小肠的刷状缘分泌的酶类进一步将这些产物转化为葡萄糖。通过小肠的主动转运机制，葡萄糖被吸收进入血液，参与血液循环。而抗性淀粉、膳食纤维、多糖等不易被小肠消化吸收的物质，最终进入结肠，被肠道微生物群发酵，产生短链脂肪酸和其他有益的发酵产物。

荞麦粉中富含的生物活性成分，包括酚类、黄酮类以及膳食纤维，对降低餐后血糖生成具有积极作用。特别是黄酮类化合物，例如芦丁和槲皮素，它们能够抑制消化酶的活性，减缓淀粉的消化速率。此外，荞麦淀粉的高度有序结构使其对酶解作用具有天然的抗性。这些特性共同作用，赋予荞麦粉 - 小麦粉复配面条降低食物血糖生成指数（GI 值）的潜力。

四、实验器材

1. 仪器与设备

恒温水浴锅、pH 计、离心机。

2. 材料与试剂

实验 2-2 中制备的低 GI 面条和普通面条、NaCl、KCl、KH_2PO_4、$NaHCO_3$、$MgCl_2$、$(NH_4)_2CO_3$、α-淀粉酶、胃蛋白酶、胰酶、牛胆盐。

五、操作步骤

1. 模拟消化液的配制

按照表 2-6 配制 10mL 口腔模拟液（simulated saliva fluid, SSF）、20mL 胃模拟液（simulated gastric fluid , SGF）和 40mL 肠模拟液（simulated intestinal fluid, SIF），根据 INFOGEST 静态体外模拟胃肠道食物消化的方法（2.0 版）并略作修改，进行口腔、胃、肠道消化过程。

表2-6　模拟消化液（唾液、胃液、肠液）成分

成分	SSF	SGF	SIF
NaCl/(mmol/L)	—	47.2	38.4
KCl/(mmol/L)	15.1	6.9	6.8
KH_2PO_4/(mmol/L)	3.7	0.9	0.8
$NaHCO_3$/(mmol/L)	13.6	25.0	85
$MgCl_2$/(mmol/L)	0.15	0.12	0.33
$(NH_4)_2CO_3$/(mmol/L)	0.06	0.50	—
pH 值	7.0	3.0	7.0

2. 口腔阶段

将面条煮至最佳蒸煮时间后立即用竹筷捞出，并切至长度小于 2mm 的碎块。将参比食物白面包也切至长度小于 2mm 的碎块。精准称取 5g 食物样品于 50mL 离心管中，加入 4mL SSF 和 25μL 浓度为 0.3mol/L 的 $CaCl_2$ 溶液，涡旋混匀。用浓度为 1mol/L 的 NaOH 将体系 pH 调节至 7，接着加入 1mL 溶解有口腔 α-淀粉酶（750U/mL）的去离子水。将离心管放入恒温振荡水浴锅中，在 37℃，200r/min 的条件下孵育 2min。此阶段固、液总体积近似视为 10mL，体系的 pH 为 3，口腔 α-淀粉酶的酶活力为 75U/mL。

3. 胃阶段

将口腔阶段的消化物与将口腔阶段的面条与 2mL 去离子水、5μL 浓度为 0.3mol/L

的 $CaCl_2$ 溶液和 8mL 溶解有胃蛋白酶（4000U/mL）的胃模拟液混合，并立即将体系 pH 调节为 3 以终止口腔消化。此时体系的 pH 为 3，体积为 20mL，胃蛋白酶的酶活力为 2000U/mL。随后，将混合液置于放入恒温振荡水浴锅中，在 37℃，200r/min 的条件下消化 2h。

4. 小肠阶段

胃消化结束后，立即加入浓度为 1mol/L 的 NaOH 溶液调节体系 pH 至 7。紧接着，加入 2.5mL 新鲜配制的牛胆盐溶液（160mmol/L）和 40μL 浓度为 0.3mol/L 的 $CaCl_2$ 溶液。然后，加入 16mL 溶解有胰酶（250U/mL）的肠模拟液和 1.46mL 去离子水。此时体系的 pH 为 7，体积为 40mL，胰酶的酶活力为 100U/mL。随后，将混合液置于放入恒温振荡水浴锅中，在 37℃、200r/min 的条件下孵育 5h。分别在第 0、10、20、30、60、90、120、180、240 和 300min 时吸取 100μL 反应液。将取出的反应液立即与 400μL 无水乙醇涡旋混匀，使淀粉消化酶灭活。室温下将混合液静置 30min，在 10000r/min 下离心 15min，收集上清液，使用葡萄糖试剂盒测定其中葡萄糖的含量。

通过以下公式计算淀粉水解率、快消化淀粉、慢消化淀粉和抗性淀粉：

$$淀粉水解率 = \frac{G_t}{TS} \times 0.9$$

$$快消化淀粉 = (G_{20} - G_0) \times 0.9$$

$$慢消化淀粉 = (G_{120} - G_{20}) \times 0.9$$

$$抗性淀粉 = (G_{180} - G_{120}) \times 0.9$$

式中，G_t 是 t min 时上清液中葡萄糖含量，TS 是样品中总淀粉的含量。

5. 淀粉水解指数的测定

以时间为横坐标，淀粉水解率为纵坐标，通过 Origin 绘制样品的淀粉水解曲线。对曲线进行非线性方程拟合和一级动力学拟合，方程形式为 $C_t = C_\infty(1 - e^{-kt})$。其中，$C_t$ 是消化 t min 时的淀粉水解百分比，C_∞ 是水解平衡时的淀粉水解百分比，k 是淀粉水解的一阶动力学系数，t 指的消化时间（min）。采用下式计算水解曲线下的面积（AUC）。

$$AUC = C_\infty(t_f - t_0) - \frac{C_\infty}{k}\left[1 - e^{-k(t_f - t_0)}\right]$$

式中，t_f 和 t_0 分别表示消化的结束时间（300min）和开始时间（0min）。

最后，按照下式计算淀粉水解指数（hydrolysis index, HI）、预估升糖指数（estimated glycemic index, eGI）：

$$HI = \frac{AUC_{样品}}{AUC_{白面包}}$$

式中，$AUC_{样品}$、$AUC_{白面包}$ 表示样品和白面包淀粉水解曲线的积分面积。

$$eGI = 0.862HI + 8.192$$

六、实验结果

计算不同反应时间样品的葡萄糖含量和淀粉水解率等指标，填入表 2-7 中。

表2-7　不同面条的淀粉含量组成

指标		反应时间 /min									
		0	10	20	30	60	90	120	180	240	300
葡萄糖含量 / (g/100g)	低 GI 面条										
	普通面条										
	白面包										
淀粉水解率 /%	低 GI 面条										
	普通面条										
	白面包										
面条快消化淀粉											
面条慢消化淀粉											
面条抗性淀粉											

以时间为横坐标，淀粉水解率为纵坐标，通过 Origin 绘制面条和参比食物白面包的淀粉水解曲线，将水解曲线动力学拟合后得到的相关数据进行计算，并填入表 2-8 中。

表2-8　不同面条的体外消化特性

消化特性	低 GI 面条	普通面条	白面包
C_∞			
k			
AUC			
HI			-
eGI			-

七、实验关键点

（1）使用 NaOH 调节体系 pH 时一定要慢，在 pH 快要接近终点的时候可以半滴的形式添加，以免过量给实验结果造成误差。

（2）消化前，所有的储备液和去离子水等试剂均已预热至 37℃。

（3）酶液现用现配，并置于冰中保存，在样品与储备液混合后再添加。

八、实验讨论与反思

（1）为什么不直接把 $CaCl_2$ 溶解于模拟消化液中一同加入，而是要把它单独溶解于水中，再加入模拟消化液和食糜的混合物中？

（2）在实际的实验中，很多文献的体外模拟消化只涉及胃肠道消化，而没有口腔消化，哪种类型的样品不需要设计口腔消化？

九、拓展思考

预估升糖指数和实际升糖指数可能会存在一定的误差，这种误差可能是由哪些因素造成的？你认为可以建立什么样的标准化操作规程，以确保静态体外模拟消化测定 GI 结果的准确性和可靠性？

参考文献

[1] Yang J, Gu Z, Zhu L, et al. Buckwheat digestibility affected by the chemical and structural features of its main components[J]. Food Hydrocolloids, 2019, 96: 596-603.

[2] Sun Z, Zhang X, Yan Y, et al. The effect of buckwheat resistant starch on intestinal physiological function[J]. Foods, 2023, 12(10): 2069.

[3] Valido E, Stoyanov J, Gorreja F, et al. Systematic review of human and animal evidence on the role of buckwheat consumption on gastrointestinal health[J]. Nutrients, 2023, 15(1): 1.

[4] 仇菊，吴伟菁，朱宏．苦荞调控血糖功效及其在糖尿病人主食开发中的应用 [J]. 中国食品学报，2021, 21(9): 352-365.

[5] Stringer D M, Taylor C G, Appah P, et al. Consumption of buckwheat modulates the post-prandial response of selected gastrointestinal satiety hormones in individuals with type 2 diabetes mellitus[J]. Metabolism, 2013, 62(7): 1021-1031.

[6] Mariotti M, Pagani M A, Lucisano M. The role of buckwheat and HPMC on the breadmaking properties of some commercial gluten-free bread mixtures[J]. Food Hydrocolloids, 2013, 30(1): 393-400.

[7] Biduski B, Maçãs M, Vahedikia N, et al. Dough rheology and internal structure of bread produced with wheat flour partially substituted by buckwheat flour: A step towards enhancing nutritional value[J]. Food Structure, 2024, 39: 100364.

[8] Singh S, Singh N. Relationship of polymeric proteins and empirical dough rheology with dynamic rheology of dough and gluten from different wheat varieties[J]. Food Hydrocolloids, 2013, 33(2): 342-348.

[9] Itthivadhanapong P, Jantathai S, Schleining G. Improvement of physical properties of gluten-free steamed cake based on black waxy rice flour using different hydrocolloids. Journal of Food Science and Technology, 2016, 53(6): 2733-2741.

[10] Iacovino S, Trivisonno M C, Messia M C, et al. Combination of empirical and fundamental rheology for the characterization of dough from wheat flours with different extraction rate[J]. Food Hydrocolloids, 2024, 148: 109446.

[11] Fu B. Asian noodles: History, classification, raw materials, and processing[J]. Food Research International, 2008, 41(9): 888-902.

[12] Kaur K D, Jha A, Sabikhi L, et al. Significance of coarse cereals in health and nutrition: a review[J]. Journal of Food Science and Technology, 2014, 51(8): 1429-1441.

[13] Ni C, Jia Q, Ding G, et al. Low-glycemic index diets as an intervention in metabolic diseases: A systematic review and meta-analysis[J]. Nutrients, 2022, 14(2): 307.

[14] Cui C, Wang Y, Ying J, et al. Low glycemic index noodle and pasta: Cereal type, ingredient, and processing[J]. Food Chemistry, 2024, 431: 137188.

[15] Ademosun A O, Odanye O S, Oboh G. Orange peel flavored unripe plantain noodles with low glycemic index improved antioxidant status and reduced blood glucose levels in diabetic rats[J]. Journal of Food Measurement and Characterization, 2021, 15(4): 3742-3751.

[16] 王婷婷，蒙太和，张国治．低升糖指数杂粮挂面研制 [J]. 粮食加工，2023, 48(5): 9-16.

[17] Fu M, Sun X, Wu D, et al. Effect of partial substitution of buckwheat on cooking characteristics, nutritional composition, and in vitro starch digestibility of extruded gluten-free rice noodles[J]. LWT - Food Science and Technology, 2020, 126: 109332.

[18] Wang L, Wang L, Wang A, et al. Superheated steam processing improved the qualities of noodles by retarding the deterioration of buckwheat grains during storage[J]. LWT - Food Science and Technology, 2021, 138: 110746.

[19] Chen Y, Obadi M, Liu S, et al. Evaluation of the processing quality of noodle dough containing a high Tartary buckwheat flour content through texture analysis[J]. Journal of Texture Studies, 2020, 51(4): 688-697.

[20] Wang T, Jiang Y, Liu S, et al. Assessment of the influence of gluten quality on highland barley dough sheet quality by different instruments[J]. Journal of Texture Studies, 2022, 53(2): 296-306.

[21] An X, Li Z, Zude-Sasse M, et al. Characterization of textural failure mechanics of strawberry fruit[J]. Journal of Food Engineering, 2020, 282: 110016.

[22] Shin S, Choi W. Variation in significant difference of sausage textural parameters measured by texture profile analysis (TPA) under changing measurement conditions[J]. Food Science of Animal Resources, 2021, 41(4): 739-747.

[23] Gao X, You J, Yin T, et al. Simultaneous effect of high intensity ultrasound power, time, and salt contents on gelling properties of silver carp surimi[J]. Food Chemistry, 2023, 403: 134478.

[24] Li H, Hao Y, Dai Y, et al. Effects of protein-polysaccharide extracted from Auricularia auricula-judae mushroom on the quality characteristics of Chinese wheat noodles[J]. LWT - Food Science and Technology, 2023, 182: 114783.

[25] Li Z, Li W, Gao P, et al. Influence of milk and milk-born active peptide addition on textural and sensory characteristics of noodle[J]. Journal

of Texture Studies, 2017, 48(1): 23-30.

[26] Wang R, Li M, Chen S, et al. Effects of flour dynamic viscosity on the quality properties of buckwheat noodles[J]. Carbohydrate Polymers, 2019, 207: 815-823.

[27] Zou S, Wang L, Wang A, et al. Effect of moisture distribution changes induced by different cooking temperature on cooking quality and texture properties of noodles made from whole tartary buckwheat[J]. Foods, 2021, 10(11): 2543.

[28] Sandhu K S, Kaur M, Mukesh. Studies on noodle quality of potato and rice starches and their blends in relation to their physicochemical, pasting and gel textural properties[J]. LWT - Food Science and Technology, 2010, 43(8): 1289-1293.

[29] Li D, Zhang Y, Jiang R, et al. Textural properties and consumer preference of functional milk puddings fortified with apricot kernel extracts[J]. Journal of Texture Studies, 2022, 53(2): 255-265.

[30] Zhang H, Fan M, Li Y, et al. Study on the prediction model of basic components on the quality of buckwheat noodles[J]. Journal of Texture Studies, 2023, 54(2): 245-257.

[31] Syakilla N, Matanjun P, George R. Proximate composition, sensory evaluation, and mineral content of noodles incorporated with green seaweed, Caulerpa lentillifera, powder[J]. Journal of Applied Phycology, 2024, 36(2): 875-886.

[32] Obadi M, Xu B. Review on the physicochemical properties, modifications, and applications of starches and its common modified forms used in noodle products[J]. Food Hydrocolloids, 2021, 112: 106286.

[33] KolaričL, MinarovičováL, Lauková M, et al. Pasta noodles enriched with sweet potato starch: Impact on quality parameters and resistant starch content[J]. Journal of Texture Studies, 2020, 51(3): 464-474.

[34] Zi Y, Cheng D, Li H, et al. Effects of the different waxy proteins on starch biosynthesis, starch physicochemical properties and Chinese noodle quality in wheat[J]. Molecular Breeding, 2022, 42(4): 23.

[35] Kaur A, Shevkani K, Katyal M, et al. Physicochemical and rheological properties of starch and flour from different durum wheat varieties and their relationships with noodle quality[J]. Journal of Food Science and Technology, 2016, 53(4): 2127-2138.

[36] Nadia J, Bronlund J, Singh R P, et al. Structural breakdown of starch‐based foods during gastric digestion and its link to glycemic response: In vivo and in vitro considerations[J]. Comprehensive Reviews in Food Science and Food Safety, 2021, 20(3): 2660-2698.

[37] Li C, Hu Y. In vitro and animal models to predict the glycemic index value of carbohydrate-containing foods[J]. Trends in Food Science & Technology, 2022, 120: 16-24.

[38] 梁霞, 周柏玲, 王海平, 等. 低升糖藜麦八宝粥的配比优化及其人体 GI 值测定 [J]. 现代食品科技, 2021, 37(7): 162-168, 100.

[39] Campbell G J, Belobrajdic D P, Bell-Anderson K S. Determining the glycaemic index of standard and high-sugar rodent diets in C57BL/6 mice[J]. Nutrients, 2018, 10(7): 856.

[40] Bharath Kumar S, Prabhasankar P. Chemically modified wheat flours in noodle processing: effect on in vitro starch digestibility and glycemic index[J]. Journal of Food Measurement and Characterization, 2015, 9(4): 575-585.

[41] Bae I Y, Oh I K, Jung D S, et al. Influence of arabic gum on in vitro starch digestibility and noodle-making quality of Segoami[J]. International Journal of Biological Macromolecules, 2019, 125: 668-673.

[42] Kaukonen A M, Boyd B J, Charman W N, et al. Drug solubilization behavior during in vitro digestion of suspension formulations of poorly water-soluble drugs in triglyceride lipids[J]. Pharmaceutical Research, 2004, 21(2): 254-260.

[43] Wang H, Wang X, Zhan Y, et al. Predicting the metabolizable energy and metabolizability of gross energy of conventional feedstuffs for Muscovy duck using in vitro digestion method[J]. Journal of Animal Science, 2023, 101: skad018.

[44] Wang X, Wu X, He Q, et al. Research progress on substitution of in vivo method(s) by in vitro method(s) for human vaccine potency assays[J]. Expert Review of Vaccines, 2023, 22(1): 270-277.

[45] Wong T H T, Louie J C Y. The relationship between resistant starch and glycemic control: A review on current evidence and possible mechanisms[J]. Starch, 2017, 69(7/8): 1600205.

[46] Miao M, Jiang B, Cui S, et al. Slowly digestible starch—A review[J]. Critical Reviews in Food Science and Nutrition, 2015, 55(12): 1642-1657.

[47] Tian S, Sun Y. Influencing factor of resistant starch formation and application in cereal products: A review[J]. International Journal of Biological Macromolecules, 2020, 149: 424-431.

第二篇　食品品质综合实验

对于食品而言，营养与风味是两个密不可分的要素，它们共同构成了食品的内在品质和消费者的感官体验，是食品安全与品质保障的重要基石，也是食品科学与工程领域技术创新的核心驱动力。本部分旨在探索食品中的营养成分及其对人体健康的影响，同时研究食品风味的形成机制和调控方法。首先，聚焦于油脂这一食品基础成分，通过花生油、磷虾油与鱼油这几种不同类型油脂的比较研究，掌握食品营养构成和功能特性的评价方法。其次，深入探索干燥工艺对食品风味的影响，以巴沙鱼片为例，分析不同干燥方式如何改变其风味特征，展现食品加工过程中风味成分的复杂变化。通过本部分的学习，读者将学习到如何运用现代分析技术评估食品的营养价值和风味特性，掌握科学方法优化食品的加工工艺，以满足消费者对健康和美味的双重需求，加深读者对食品营养与风味之间关系的理解，为后续食品创新与开发提供有力支持。

实验 3
油脂制品品质分析与评价——以食用油为例

实验 3-1 油脂中维生素 E 含量测定

一、背景知识

维生素 E，又名生育酚，是一种对人体具有重要生理功能的脂溶性维生素。它不仅对维持肌肉和生殖系统的正常代谢功能发挥着重要作用，还对保持中枢神经系统和血管系统的完整性至关重要。此外，维生素 E 具有清除自由基的能力，因此常被用作抗氧化剂[1]。维生素 E 在自然界中分布广泛，主要来源于蔬菜、麦胚和各类植物油脂[2]。从化学结构上看，维生素 E 包含苯甲醚环和疏水侧链，并且由于甲基的数量及其在苯甲醚环上的位置不同，存在 α、β、γ 和 δ 四种天然同分异构体[3]。在这些同分异构体中，α- 生育酚是衡量维生素 E 含量的主要指标，增加其摄入量能有效降低癌症、肿瘤、心血管疾病、眼部疾病以及肝脏和肺功能障碍的风险[4,5]。

目前，维生素 E 含量的测定方法多样，包括薄层比色法、荧光分光光度法、气相色谱法、近红外光谱法、超临界流体色谱法、电化学分析法和高效液相色谱法等[6-9]。其中，高效液相色谱法（high performance liquid chromatography，HPLC）因其极高灵敏度、优异的分离效果、广泛的测定范围和较少的样品损失等优势，近年来得到了越来越广泛的应用[10]。HPLC 法分为反相色谱法和正相色谱法两种，正相色谱法在分离维生素 E 的异构体方面表现出色，能够完全分离四种异构体。相比之下，反相色谱法在分离 β- 生育酚和 γ- 生育酚时面临挑战，通常需要使用成本较高的 C30 柱或 PFP 柱，且测定过程中可能会导致柱内沉淀。

二、实验目标

（1）了解花生油、磷虾油和鱼油中的维生素 E 含量。
（2）了解常用的维生素 E 含量测定方法。
（3）掌握高效液相色谱（HPLC）的测定原理和操作方法。

三、实验原理

高效液相色谱法（HPLC）是一种物理化学分析方法，其测定生育酚含量的原理基于分配色谱机制，通过样品在色谱柱中的固定相和流动相之间的相互作用差异，实现生育酚同分异构体的有效分离。分析过程中，样品首先经过提取并溶于适宜的溶剂，然后通过色谱柱。在色谱柱内，生育酚分子依据其与固定相的结合强度不同，展现出不同的迁移速率，使得各组分得以在不同时间点被洗脱。利用紫外或荧光检测器，基于生育酚分子独特的光谱特性进行捕捉和测量，并通过色谱数据系统对色谱图进行详细分析，以实现对生育酚含量的精确定量。在维生素E的正相HPLC分析中，通常采用由正己烷和不同极性的有机溶剂（如乙醇、乙腈、乙醚及各类酯）构成的流动相，这种组合显著提升了生育酚异构体的分离效率，确保了分析结果的准确性和可靠性。

四、实验器材

1. 仪器与设备

高效液相色谱、氮吹仪、分析天平。

2. 材料与试剂

花生油、磷虾油、鱼油、无水乙醇、乙醚、正己烷、叔丁基甲基醚、四氢呋喃、甲醇、2,6-二叔丁基对甲酚（BHT）、容量瓶、棕色容量瓶、液相色谱进样瓶、滤膜（0.22μm）、移液管、一次性注射器。

五、操作步骤

1. 维生素E标准曲线的制作

（1）1.00mg/mL维生素E标准储备溶液的制备：精准称取α-生育酚、β-生育酚、γ-生育酚和δ-生育酚标准品各50.0mg，以无水乙醇为溶剂溶解于50mL容量瓶中，定容至刻度。

（2）10.00μg/mL混合维生素E标准溶液中间液的制备：准确吸取4种维生素E标准储备溶液各1.00mL于同一100mL容量瓶中，使用氮吹去除有机溶剂乙醇后，用流动相定容至刻度。

（3）维生素E标准系列工作溶液的制备：分别准确吸取混合维生素E标准溶液中间液0.20mL、0.50mL、1.00mL、2.00mL、4.00mL、6.00mL加入10mL棕色容量瓶中，用流动相定容至刻度（混合生育酚质量浓度分别为0.20μg/mL、0.50μg/mL、1.00μg/mL、2.00μg/mL、4.00μg/mL、6.00μg/mL）。将维生素E标准系列工作溶液按照从低浓度到高浓度的顺序分别注入高效液相色谱仪（HPLC）中，测定相应的峰面积。以标准溶液浓度为横坐标，峰面积为纵坐标绘制标准曲线，计算直线回归方程。

2. 样品的制备

称取0.5～2g油样（准确至0.01g）和0.1g BHT，加入到25mL的棕色容量瓶中，随后量取10mL流动相加入，振荡溶解后用流动相定容至刻度，摇匀。使用一次性注射器吸取1.0mL，过孔径为0.22μm的滤膜于棕色进样瓶内。

3. 色谱条件

色谱柱：酰氨基柱（柱长 150mm，内径 3.0mm，粒径 1.7μm）。柱温：30℃。流动相：正己烷∶叔丁基甲基醚 - 四氢呋喃 - 甲醇混合液（20∶1∶0.1）= 90∶10。流速：0.8mL/min。荧光检测波长：激发波长 294nm，发射波长 328nm。进样量：10μL。

4. 样品测定

试样液经高效液相色谱仪分析，测得峰面积，采用外标法通过上述标准曲线计算其浓度。计算公式如下：

$$X=\frac{\rho \times V \times f \times 100}{m}$$

式中，X 表示试样中 4 种生育酚异构体（α- 生育酚、β- 生育酚、γ- 生育酚和 δ- 生育酚）的含量，mg/100g；ρ 表示根据标准曲线计算得到的试样中 4 种生育酚异构体（α- 生育酚、β- 生育酚、γ- 生育酚和 δ- 生育酚）的浓度，μg/mL；V 表示定容体积，mL；f 表示换算因子，f = 0.001；m 表示试样的称样量，g。

六、实验结果

计算维生素 E 标准曲线的直线回归方程，并根据标准曲线计算花生油、磷虾油和鱼油中的维生素 E 含量，填入表 3-1。

表3-1　不同种类油脂的维生素E含量

种类	维生素 E 含量 /(mg/100g)
花生油	
磷虾油	
鱼油	

七、实验关键点

（1）流动相（正己烷∶叔丁基甲基醚 - 四氢呋喃 - 甲醇混合液）要现用现配。

（2）当流动相温度与室温相差时，等待流动相温度恢复至室温，否则会造成基线漂移。

（3）由于维生素 E 易被氧化，操作使用的所有器皿不得含有氧化性物质。

（4）油脂试样的处理过程中要避免紫外光照，尽可能避光操作。

八、实验讨论与反思

（1）在 HPLC 中，滤膜的作用是什么？如果待测液不过滤膜对实验结果有什么影响？

（2）若 HPLC 的基线不平就开始测定样品，会对实验结果造成什么影响？

九、拓展思考

（1）正相高效液相色谱法和反相高效液相色谱法有什么区别？两种方法分别适合测定哪种类型的样品？操作的时候有什么注意事项？

（2）反相系统更换正相系统或正相系统更换反相系统时，应如何操作？

实验 3-2　油脂的脂肪酸组成分析

一、背景知识

脂肪酸的分析检测在医学、食品工业和营养保健等领域扮演着至关重要的角色。目前，脂肪酸分析的常见技术包括气相色谱（gas chromatography, GC）、高效液相色谱（high performance liquid chromatography, HPLC）和近红外光谱（near infrared, NIR）[11-13]。气相色谱法因其能够全面检测食用油中的脂肪酸组成，在该领域的研究中广受欢迎。在气相色谱法中，脂肪酸通常先被转化为脂肪酸甲酯（fatty acid methyl esters, FAMEs），利用这些甲酯在流动相（载气）和固定相之间的分配系数差异实现分离[14,15]。毛细管色谱法是分析 FAMEs 的常用技术，特别适用于油脂加工和脂肪中甲基酯化的脂肪酸的分析。由于脂肪酸本身热稳定性较差，油脂中脂肪酸的测定通常需要经过甲酯化处理。常用的甲酯化方法包括酯交换法、三甲基氢氧化硫法、三氟化硼法、乙酰氯 - 甲醇法和盐酸 - 甲醇法等[16]。在选择甲酯化方法时，需要根据目标脂肪酸的特性来决定，因为不同的甲酯化方法对脂肪酸的转化效率存在差异，进而影响最终测定结果的准确性。此外，色谱柱的选择对于脂肪酸的分离效果至关重要。不同的色谱柱对脂肪酸的分离能力各异，需要根据脂肪酸的种类选择合适的色谱柱[17]。使用低极性色谱柱，如聚乙二醇柱，适合于分析不太复杂的样品，但对于顺反异构体的分离则不够理想。中等极性的色谱柱能够为复杂的 FAMEs 混合物提供良好的分离效果，并且能够分离一些顺反异构体。若要实现更高效的顺反异构体分离，则需要使用更高极性的色谱柱。通过精心选择色谱柱和优化分析条件，可以显著提高脂肪酸分析的准确性和效率。

二、实验目标

（1）掌握气相色谱法测定油脂脂肪酸组成的原理。

（2）掌握食用油中脂肪酸组分的分析方法。

（3）了解大豆油、鱼油和磷虾油的特征脂肪酸组分。

三、实验原理

气相色谱法测定脂肪酸组成的原理是利用脂肪酸衍生物（如脂肪酸甲酯）在色谱柱中的不同挥发性和极性，通过气相色谱仪进行分离。在这一过程中，样品首先被转化为相应的衍生物以增加其挥发性，然后通过载气（如氮气或氢气）带入色谱柱。由于不同脂肪酸衍生物与色谱柱固定相的相互作用不同，它们在色谱柱中的移动速度存在差异，从而实现分离。分离后，通过检测器（通常是火焰离子化检测器）检测并记录各组分的信号，根据保留时间和峰面积进行脂肪酸的定性和定量分析。这种方法具有高分离效率和灵敏度，适用于脂肪酸组成的精确测定。

四、实验器材

1. 仪器与设备

气相色谱仪、恒温水浴锅、天平、烧瓶、旋转蒸发仪。

2. 材料与试剂

甲醇、氢氧化钠、正庚烷、三氟化硼甲醇、无水硫酸钠、氯化钠、异辛烷、硫酸氢钠、氢氧化钾、大豆油、磷虾油、鱼油。

五、操作步骤

1. 试剂的配制

（1）氢氧化钠甲醇溶液（2%）：准确称取 2g 氢氧化钠溶解在 100mL 甲醇中，混匀。

（2）饱和氯化钠溶液：称取 36g 氯化钠溶解于 100mL 水中，搅拌使其充分溶解。

（3）氢氧化钾甲醇溶液（2mol/L）：将 13.1g 氢氧化钾溶于 100mL 无水甲醇中，可轻微加热。加入无水硫酸钠干燥，过滤，即得澄清溶液。

（4）十一碳酸甘油三酯内标溶液（5.00mg/mL）：准确称取 2.5g 十一碳酸甘油三酯至烧杯中，加入甲醇溶解，移入 500mL 容量瓶后用甲醇定容。

（5）混合脂肪酸甲酯标准溶液：取出适量脂肪酸甲酯混合标准溶液移到 10mL 的容量瓶中，用正庚烷稀释定容，贮存于 –20℃冰箱中，有效期 3 个月。

（6）单个脂肪酸甲酯标准溶液：将单个脂肪酸甲酯分别从安瓿瓶中取出转移到 10mL 容量瓶中，用正庚烷冲洗安瓿瓶，再用正庚烷定容，分别得到不同脂肪酸甲酯的单标溶液，贮存于 –20℃冰箱中，有效期 3 个月。

2. 脂肪的皂化和脂肪酸的甲酯化

取 100～200mg 油样于 50mL 的圆底烧瓶中，加入质量浓度为 2% 氢氧化钠甲醇溶液 3mL，连接回流冷凝器，80℃水浴加热回流，直至油滴消失。从回流冷凝器上端加入 5mL

体积浓度为 15% 的三氟化硼甲醇溶液，在 80℃水浴中继续加热回流 2min。用少量水冲洗回流冷凝器，停止加热，并从水浴上取下烧瓶，冷却至室温。加入 3mL 正己烷，80℃水浴加热回流 5min，取出冷却至室温，加入饱和氯化钠水溶液至瓶颈处，静置 3～5min。吸取上层溶液大约 5mL，至 25mL 试管中，加入大约 1g 无水硫酸钠，涡旋振摇 1min，静置 5min，待上清液澄清后，将上层溶液过 0.22μm 的尼龙膜后移入进样瓶上机测定。

3. 气相色谱分析条件

（1）毛细管色谱柱：聚二氰丙基硅氧烷强极性固定相（0.25μm×30m×0.25mm）。

（2）进样器温度：270℃。

（3）检测器温度：280℃。

（4）升温程序：色谱柱初始温度 100℃，在该温度下持续 13min；以 10℃/min 的升温速率升至 180℃，保持 6min；以 1℃/min 的升温速率升至 200℃，保持 20min；以 4℃/min 的升温速率升至 230℃，保持 10.5min。

（5）载气：N$_2$。

（6）分流比：100:1。

（7）进样体积：1μL。

通过对比脂肪酸甲酯标准品和样品的脂肪酸出峰时间对脂肪酸进行定性，采用峰面积归一化法定量分析每个脂肪酸的含量。通过下式计算试样中某个脂肪酸占总脂肪酸的百分比 Y_i。

$$Y_i = \frac{A_{S_i}}{\Sigma A_{S_i}}$$

式中，Y_i 表示试样中某个脂肪酸占总脂肪酸的百分比；A_{S_i} 表示试样测定液中各脂肪酸甲酯的峰面积；ΣA_{S_i} 表示试样测定液中各脂肪酸甲酯的峰面积之和。

六、实验结果

根据标准图谱确定大豆油、磷虾油和鱼油中不同的脂肪酸组分的百分含量，并将实验结果填入表 3-2 中。

表3-2 气相色谱法实验结果

测定指标		标准样图谱	大豆油图谱	磷虾油图谱	鱼油图谱
峰 1	保留时间 /min				
	脂肪酸名称				
	含量 /%				
峰 2	保留时间 /min				
	脂肪酸名称				
	含量 /%				
峰 3	保留时间 /min				
	脂肪酸名称				
	含量 /%				

续表

测定指标		标准样图谱	大豆油图谱	磷虾油图谱	鱼油图谱
…	保留时间 /min				
	脂肪酸名称				
	含量 /%				
峰 x	保留时间 /min				
	脂肪酸名称				
	含量 /%				

七、实验关键点

（1）本实验用到的甲醇、正庚烷、异辛烷等有机试剂均为色谱纯。

（2）气相色谱的检测条件应满足理论塔板数（n）至少 2000/m，分离度（R）至少 1.25。

八、实验讨论与反思

（1）本实验中脂肪酸的分离效果如何？如果想进一步优化脂肪酸的分离效果和检测灵敏度，应如何调整温度程序、载气流速等指标？

（2）通过气相色谱归一法来测定油脂的脂肪酸组成有什么优缺点？什么情况适合使用归一法？

九、拓展思考

（1）在食品脂肪酸的测定中，水解提取法和酯交换法有什么区别？分别适用于哪种类型的样品？

（2）本实验中测定的样品（大豆油、磷虾油和鱼油）为动植物油脂，不需要经过脂肪提取，可以直接进行脂肪皂化和脂肪酸的甲酯化。那么，如果要测定其他脂肪类食品的脂肪酸组成时，应该如何对样品进行前处理？

实验 3-3　油脂的体外消化分析

一、背景知识

在人体胃肠道内，亲脂性物质的消化过程起始于胃部。饮食中的油脂主要以三酰基甘油（triacylglycerol, TAG）的形式存在，它们在胃中被特定区域的三酰基甘油水解酶，即脂肪酶所作用，这一过程将 TAG 分子 sn-1 和 sn-3 位置的脂肪酸水解下来。经过脂肪酶的作用，一个三酰基甘油分子被分解为两个游离脂肪酸（free fatty acid, FFA）和一个单酰基甘油（monoacylglycerol, MAG）[18,19]。MAG 本身具有表面活性，而高表面活性物质，如胆汁盐和磷脂，也会分泌到十二指肠中，它们有助于稳定新形成的油水界面，从而增强脂肪酶的效能。胆汁盐通过竞争性吸附作用，能够从油水界面上移除某些分子，促进脂滴的乳化，为脂肪酶提供更好的作用环境。此外，MAG 由于其表面活性，可以从界面上移除部分脂肪酶，而胆汁盐则能将 MAG 从界面上清除，推动进一步的脂解过程。这些混合的MAG 和胆汁盐形成胶束，通过黏液层将消化产物运输至上皮细胞，以供吸收[20-22]。Ca^{2+}在脂肪分解过程中也扮演着重要角色。它不仅是激活胰脂肪酶的辅助因子，还能与溶液中的长链脂肪酸结合，形成钙皂，沉淀下来，减少消化产物对酶活性的抑制[23-25]。脂质的分子结构，包括脂肪酸的链长、饱和度以及在甘油三酯分子中的位置，对消化过程同样具有显著影响。特别是胰脂肪酶对酯键位置的水解特异性，使得甘油三酯的酯键位置成为影响脂质消化的关键因素。

二、实验目标

（1）掌握通过静态体外消化模型模拟油脂消化的原理及操作步骤。

（2）了解不同类型油脂的体外消化率及造成消化率不同的原因。

三、实验原理

脂肪酸的组成通过多种机制影响脂质的消化率，包括脂肪酸的饱和度、链长、在甘油三酯分子中的位置、类型和比例，这些因素共同决定了脂质在肠道中的乳化效率、与消化酶的相互作用，以及最终的吸收和代谢。短链和不饱和脂肪酸由于其较低的熔点和较高的流动性，通常更易于被消化和吸收。此外，脂质的物理状态、肠道环境，以及脂质的氧化稳定性也会影响消化过程，进而影响脂质的消化率。因此，脂肪酸的具体组成对于脂质的消化效率和生物利用度具有决定性作用。

四、实验器材

1. 仪器与设备

恒温水浴锅、pH 计、离心机。

2. 材料与试剂

花生油、磷虾油、鱼油、NaCl、KCl、KH_2PO_4、$NaHCO_3$、$MgCl_2$、$(NH_4)_2CO_3$、α- 淀粉酶、胃蛋白酶、胰酶、牛胆盐。

五、操作步骤

1. 模拟胃消化

向 500mL 超纯水中加入 1g NaCl，充分搅拌溶解后用浓度为 5mol/L 的 HCl 调节 pH 至 1.2 以制备模拟胃液。随后，将 2g 油样与 16mL 胃液充分混合，在 37℃恒温油浴锅中搅拌加热。将新鲜溶解的 4mL 胃蛋白酶倒入模拟胃液中开始胃消化，使最终的胃蛋白酶的质量浓度为 1.6mg/mL。在胃液中消化 2h 后，调节 pH 至 7.5 灭活胃蛋白酶，胃消化终止。

2. 模拟肠消化

将 10mmol/L CaCl₂ 和 10mg/mL 中胆盐溶于 Tris-maleate 缓冲液中，调节 pH 至 7.5，得到模拟肠液。将胰酶添加至模拟肠液中，使胰酶的质量浓度为 3.2mg/mL。将胃消化后的样品与等体积的模拟肠液混合开始肠消化，保持 37℃油浴 120min。在肠消化过程中，手动添加 0.50mol/L NaOH 以维持混合液的 pH 为 7.5，并记录在整个肠消化过程中随时间添加的 NaOH 的量。通过观察游离脂肪酸（free fatty acid, FFA）的释放来研究油的消化情况，按以下公式计算释放的 FFA 比例：

$$FFA=\frac{C_{NaOH}\times V_{NaOH}\times M}{2\times m}$$

式中，C_{NaOH} 为 NaOH 的浓度，mol/L；V_{NaOH} 是消耗的 NaOH 溶液的体积，L；M 是油脂的摩尔质量（花生油为 710g/mol；磷虾油为 828.6g/mol；鱼油为 328g/mol）；m 是油脂的初始重量，g。

六、实验结果

通过随时间添加的 NaOH 的量来计算不同时间游离脂肪酸的释放情况，并使用 Origin 绘制油脂的游离脂肪酸释放曲线。分析比较三种油脂的最终消化率，以及消化曲线变化趋势的原因。

七、实验关键点

（1）在肠消化过程中，如果 pH 下降速度很慢，则降低 NaOH 浓度，改为手动添加 0.25mol/L NaOH。

（2）消化前，所有的储备液和去离子水等试剂均已预热至 37℃。

（3）酶液现用现配，并置于冰中保存，在样品与储备液混合后再添加。

八、实验讨论与反思

（1）油脂的脂肪酸组成是否与油脂的消化率有关？请具体分析。

（2）体外模拟消化不仅涉及到胃阶段和小肠阶段，还包括口腔阶段。本实验中不涉及口腔阶段消化，这对油脂的最终消化率有影响吗？为什么？

九、拓展思考

如何提高油脂的消化率？将油脂制备成乳液等形式是否可以提高其消化率？如果可以，其原因是什么？

实验 3-4 油脂的氧化稳定性分析

一、背景知识

作为人们日常饮食的必需品，食用油脂的氧化稳定性是评估其品质的关键指标。通过监测油脂在储存过程中品质的变化，可以分析其氧化稳定性。油脂的氧化过程非常复杂，可分为光敏氧化、催化氧化和自动氧化三种类型。自动氧化是引起油脂氧化的主要途径，但在链引发阶段，若依赖油脂自身产生自由基，则需要较高的活化能。因此，通常先发生光敏氧化或金属催化氧化，生成自由基，进而触发油脂的自动氧化，大多数食用油脂的最终氧化变质是由自动氧化导致的[26,27]。如图 3-1 所示，自动氧化是一种在室温下无需催化剂或光照即可自发进行的反应，包括链引发、链传递和链终止三个阶段。自动氧化产生的过氧化物是不稳定的一级氧化产物，它们会进一步分解或相互作用，形成醛、酮、醇、酸、聚合物和环氧化物等物质[28]。油脂的氧化不仅会改变其风味和色泽，降低油脂品质，还可能产生有害物质，长期摄入这些变质油脂可能对人体健康造成严重危害[29]。因此，防止油脂氧化变质至关重要。

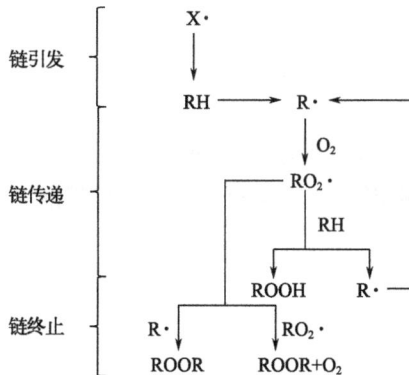

图 3-1 脂质自动氧化反应途径

X·—未知自由基；R·—烷基自由基；RO$_2$·—烷过氧基自由基；ROOH—氢过氧化物；ROOR—过氧化物

二、实验目标

（1）了解脂肪酸败对油脂质量的影响。

（2）掌握酸价、过氧化值的测定原理和操作方法。

三、实验原理

油脂暴露于空气中一段时间后，油脂内的不饱和脂肪酸含有的双键首先与氧气反应，形成不稳定的氢过氧化物。这些初级氧化产物会进一步氧化，转化为次级氧化产物。随后，这些次级产物分解，产生多种小分子化合物，包括醛、酮、酸、烃类和羰基化合物等[30,31]。这一系列连锁反应导致油脂的酸值和过氧化值显著增加，从而反映出油脂氧化变质的程度。

油脂的新鲜度可以通过测定其中游离脂肪酸的含量来反映。游离脂肪酸含量的多少，表示为中和 1g 油脂所需氢氧化钾的质量（单位：mg），称为酸价。酸价的高低直接关联油脂的质量，酸价越低，油脂越新鲜，品质和精炼程度越高[32]。标准的测定方法是将已知质量的油脂样品溶解于有机溶剂中，随后用已知浓度的氢氧化钾溶液进行滴定，使用酚酞作为指示剂，从而确定酸价，进而评估油脂的新鲜度和变质程度。

油脂的过氧化是不饱和脂肪酸在自由基作用下形成过氧化物的过程。过氧化值是衡量油脂及脂肪酸氧化程度的指标，表示为 1kg 样品中过氧化物的含量（单位：mmol）[33,34]。在油脂氧化过程中，产生的过氧化物、醛、酮等物质具有强氧化性，能够将碘化钾氧化生成游离碘，之后可用硫代硫酸钠溶液进行滴定。过氧化值的大小可以反映油脂的酸败程度，过氧化值越高，油脂酸败越严重。

四、实验器材

1. 仪器与设备

天平、烘箱。

2. 材料与试剂

氢氧化钾、乙醚、无水乙醇、酚酞、三氯甲烷、冰乙酸、碘化钾、硫代硫酸钠、淀粉、碱式滴定管、滴定管、锥形瓶、称量瓶、量筒、玻璃瓶、碘量瓶。

五、操作步骤

1. 试剂的配制

（1）0.1mol/L 氢氧化钾标准溶液：准确称取 5.61g 干燥至恒重的氢氧化钾溶于 100mL

去离子水中。

（2）中性乙醚 - 乙醇溶液混合溶剂（1∶1）：将乙醚和无水乙醇按照体积比 1∶1 混合，加入几滴酚酞指示剂后，用质量浓度为 3g/L 的氢氧化钾溶液中和至微红色。

（3）酚酞指示剂：称取 1g 酚酞溶于 100mL 95% 的乙醇中。

（4）三氯甲烷 - 冰乙酸混合液（2∶3）：量取三氯甲烷 40mL 和冰乙酸 60mL，混匀。

（5）饱和碘化钾溶液：称取 16g 碘化钾，加 10mL 水溶解，冷却后储存于棕色瓶中，避光保存。

（6）硫代硫酸钠标准滴定溶液（0.01mol/L）：称取 26g 硫代硫酸钠和 0.2g 碳酸钠，加水溶解并稀释至 1000mL。取 10mL 上述溶液，加入 100mL 容量瓶中，加入新煮沸后冷却的水稀释至刻度。

（7）淀粉指示剂（10g/L）：称取 0.5g 可溶性淀粉，加 2mL 水调至糊状，再加入 48mL 沸水，搅拌均匀，煮沸 2min 后冷却。

2. 油脂的氧化处理

取 10mL 油样装于玻璃瓶中，密封瓶口，在 60℃的烘箱中避光保存 2d。

3. 酸价的测定

称取 2.000g 油样于 250mL 锥形瓶中，加入 25mL 中性乙醚 - 乙醇溶液混合溶剂（1∶1），充分摇匀以使油样溶解。随后，加入 2～3 滴酚酞指示剂，用 0.1mol/L 氢氧化钾标准溶液滴定至微红色，且 30s 内褪色即为终点，记录此时消耗的碱液毫升数，通过下式计算油脂的酸价。

$$AV = \frac{(V - V_0) \times c \times M}{m}$$

式中，AV 表示油脂的酸价，mg/g；V 表示样品消耗氢氧化钾的体积，mL；V_0 表示空白消耗氢氧化钾的体积，mL；c 表示氢氧化钾标准溶液的浓度，mol/L；m 表示样品质量，g；M 表示氢氧化钾的摩尔质量，56.11g/mol。

4. 过氧化值的测定

称取油样 1.000g 于 250mL 碘量瓶中，加入 30mL 三氯甲烷 - 冰乙酸混合液（2∶3），充分混合均匀，以溶解油样。随后，加入饱和碘化钾溶液 1mL，迅速盖好瓶塞，摇匀后在暗处放置 3min。取出后在碘量瓶中加入 45mL 去离子水，充分混合后立即用 0.01mol/L 硫代硫酸钠标准溶液滴定至浅黄色，然后加入 1mL 淀粉指示剂，继续滴定并强烈振摇直至蓝色消失为终点。按照上述步骤，不加油样，进行空白试验。油脂的过氧化值按照下式计算：

$$POV = \frac{(V - V_0) \times c \times 1000}{2 \times m}$$

式中，POV 表示油脂的过氧化值，mmol/kg；V 指样品所消耗硫代硫酸钠的体积，

mL；V_0 表示空白试验消耗硫代硫酸钠的体积，mL；c 表示硫代硫酸钠标准溶液的浓度，mol/L；m 是样品质量，g。

六、实验结果

计算花生油、磷虾油和鱼油的酸价和过氧化值，并将实验结果填入表 3-3 中。

表3-3　油脂的氧化稳定性

组别	氧化时间 /d	酸价 /(mg KOH/g 油)	过氧化值 /(mmol/kg)
花生油	0		
	2		
磷虾油	0		
	2		
鱼油	0		
	2		

七、实验关键点

（1）氢氧化钾遇水大量放热，具有强腐蚀性，在称取时必须佩戴手套和防护口罩，配制溶液时要在通风橱内进行。

（2）过氧化值的测定中，应避免在太阳直射的环境下进行。

（3）过氧化值的测定中，空白实验消耗的硫代硫酸钠标准滴定溶液的体积不得超过 0.1mL。

八、实验讨论与反思

（1）在过氧化值的测定中，加入碘化钾后，加水量的多少以及静置时间的长短会对实验结果造成影响吗？如何影响？

（2）如果碘量瓶的瓶盖没有塞紧，会对实验结果造成影响吗？为什么？

（3）若油脂的过氧化值过低，消耗硫代硫酸钠的体积过小，应如何调整实验条件？

九、拓展思考

（1）食用过氧化的油脂会对人体健康造成什么影响？

（2）过氧化值的单位有 g/100g、mmol/kg、meq/kg，分别代表什么含义？它们之间如何换算？

实验 3-5　加热前后油脂的风味分析

一、背景知识

油脂中挥发性风味物质的形成极为复杂，其中酶促褐变、非酶促褐变以及脂质氧化等途径都扮演了至关重要的角色。在油脂的加工与储存过程中，外部环境因素及油脂自身的特性共同作用，促使了脂质氧化反应的发生，特别是在高温条件下，这一氧化过程会显著加速。温度的升高导致油脂分子的热运动加剧，从而加快了氧化反应的速率。脂肪酸的不稳定性使其易于与空气中的氧气反应，生成醛、酮等对风味有显著影响的小分子化合物。脂质氧化过程中，不同温度条件下氧化产物的种类与数量各异，对挥发性风味物质的生成产生不同程度的影响[35,36]。不同脂肪酸的氧化产物也各有差异，例如，油酸氧化可生成具有特定食品风味的壬醛和辛醛，亚油酸氧化产生己醛和壬醛等关键风味物质，亚麻酸氧化则产生丙醛和（E）-2- 己烯醛等。此外，脂质氧化还可能产生酮类物质，这些物质虽具有独特的清香气味，但由于其感知阈值较高，在食品风味中主要发挥辅助修饰作用。

气相色谱 - 离子迁移谱（gas chromatography-ion mobility spectrometry, GC-IMS）是一种专门用于分离和检测挥发性化合物的分析技术。在 GC-IMS 中，样品的挥发性组分首先通过 GC 进行分离，然后进入 IMS 单元，在电场作用下发生电离，并在 IMS 中实现基于离子迁移速度的二维分离[37,38]。这种方法利用不同离子的迁移速度差异来实现挥发性组分的精确分离和鉴定。尽管 GC 在定性分析上可能存在一定的局限性，IMS 在分离复杂混合物方面的能力也有待提高，但 GC-IMS 技术巧妙地结合了两者的优势，不仅提高了分离效率，还增强了检测的灵敏度。它有效解决了传统 GC-MS 技术在分析复杂混合物时耗时长、定性困难的问题，为痕量挥发性物质的检测提供了新的策略。此外，GC-IMS 技术采用顶空进样方式，避免了样品复杂的前处理步骤，更好地保留了样品的原始风味。它具有较低的检测限和较短的分析时间，使得对挥发性物质的快速、灵敏检测成为可能。GC-IMS 分析得到的二维和三维谱图，为样品挥发性风味物质的立体信息提供了直观的展示，使得样品间挥发性组分的差异和变化分析更为简便和准确。

二、实验目标

（1）了解花生油、磷虾油和鱼油中的风味物质的种类及含量。
（2）了解加热对花生油、磷虾油和鱼油中的风味物质的种类及含量的影响。
（3）掌握气相色谱 - 离子迁移谱联用仪的测定原理和操作方法。

三、实验原理

IMS 的核心原理是基于离子在电场作用下的迁移速率差异，这一速率在气体阻尼环境中尤为显著 [39]。在 IMS 分析中，样品由载气（N₂）携带至离子源，该处通常设有氚放射源，用于离子化样品并形成离子脉冲。这些离子脉冲随后被注入 IMS 的迁移管，这里存在一个线性电场和反向流动的漂移气体（N₂）[40]。在电场力和漂移气体的共同作用下，离子达到一个恒定的迁移速度。离子的迁移速度主要取决于分子离子的分子量和其与漂移气体分子的碰撞截面积。不同分子体积的差异导致它们与漂移气体的碰撞效率不同，到达检测器的时间也不同。通常，离子的迁移速度与其电荷量成正比，与截面积成反比 [41]。通过精确测量物质离子的迁移率，IMS 能够分析和识别不同的化学物质，已成为分析挥发性和半挥发性化合物的高效技术。IMS 对于具有高电负性或高质子亲和力的官能团结构物质表现出高灵敏度 [42]。鉴于油脂中富含醛、酮、醚等含有不饱和键的有机化合物，IMS 在油脂挥发性物质的研究领域得到了有效应用，为油脂化学分析提供了新的视角和方法。

四、实验器材

1. 仪器与设备

气相色谱 - 离子迁移谱联用仪（GC-IMS）、水浴锅。

2. 材料与试剂

花生油、磷虾油、鱼油、顶空进样瓶、烧杯。

五、操作步骤

1. 油脂的加热

称取 10g 花生油、磷虾油和鱼油加入烧杯中，在 90℃下加热 30min。

2. 油脂加热前后的风味分析

采用 GC-IMS 检测花生油、磷虾油和鱼油加热前后挥发性物质的变化。称取 1g 油样加入 20mL 的顶空进样瓶中，仪器的具体工作条件见表 3-4。其中，GC 的载气程序流量变化如下：载气初始流速为 2mL/min，保持 5min；运行 10min 时，载气流速增加至 5mL/min；15min 时，流速增加至 10mL/min；20min 时，流速增加至 20mL/min；25min 时，流速增加至 50mL/min；30min 时，载气流速线性增加至 150mL/min，并保持 1min。

表3-4　GC-IMS工作条件

主要参数	设定值
孵育温度	40℃
孵育时间	25min
孵育盘转速	300r/min
GC 进样口温度	80℃
进样量	0.8mL
色谱柱型号	FS-SE-54-CB-1 柱（15m×0.53mm×1μm）
柱温	80℃
分析时间	31min
载气气体	高纯氮气（＞99.9%）
离子迁移管温度	45℃
迁移管气体流速	150mL/min

　　漂移管在 45℃ 的恒定电压（5kV）下工作，载气流量为 150mL/min。每种样品平行测定 3 次，待样品分析结束后，首先使用 GC-IMS Library Search 软件识别 GC-IMS 生成的色谱图中未知的挥发性有机化合物。其次，通过比较 NIST 2014 的保留指数（RI）和 IMS 数据库的漂移时间（DT）对挥发性成分进行定性分析。最后，为了比较加热前后花生油、磷虾油和鱼油样品中挥发性风味化合物的含量，使用 LAV（2.2.1）软件绘制指纹图谱。

六、实验结果

　　绘制加热前后花生油、磷虾油和鱼油样品的指纹图谱。

七、实验关键点

　　（1）除了本实验的油脂样品，还需要测定一个校正液样品和空气样品。

　　（2）进样前一定要保证顶空进样瓶样品垫的清洁，无样品玷污，无水蒸气，避免进样针的污染。

　　（3）仪器运行进样期间，不允许碰到进样臂和孵育器。

　　（4）实验完毕后要调整流速对仪器进行清洗。清洗后，水峰响应值应在 4 以上，水峰后的杂峰低于 0.5，基线无明显噪音。

八、实验讨论与反思

　　（1）花生油是日常家庭烹饪的常用油，应如何控制加热时间和温度，使花生油在日常烹饪中能发挥更好的风味？

　　（2）指纹图谱的平行性如何？若不好，是实验操作中什么因素造成的？

九、拓展思考

除了指纹图谱，GC-IMS 得到的色谱图还可以处理成什么形式的数据？这些数据分别可以反映什么？

实验 3-6 加热前后油脂中反式脂肪酸的测定

一、背景知识

食品中的反式脂肪酸主要通过不饱和脂肪酸的异构化作用形成，这一过程分为两个途径：一是自然发生的瘤胃生物氢化作用，二是工业加工过程中的异构化。由瘤胃生物氢化产生的反式脂肪酸是天然存在的，含量较低，通常存在于乳制品和反刍动物的肉中。与此相对的是，工业加工过程中不饱和脂肪酸的异构化，这是食品中反式脂肪酸的主要来源。这种异构化在油脂加工过程中尤为普遍，所产生的反式脂肪酸约占日常饮食中反式脂肪酸总量的 80%[43-46]。在加热处理过程中，不饱和脂肪酸分子中的双键会发生异构化反应，逐步转变为不同类型的反式异构体，包括单反、双反以及多反异构体。反式脂肪酸对人类健康的影响正日益成为公众关注的焦点[47]。众多科学研究已经揭示，过量摄入反式脂肪酸可能对人体健康带来不利影响，这些影响涵盖了多个方面：抑制婴幼儿的正常生长发育、增加心血管疾病的风险、诱发 2 型糖尿病的发生[45]。

在深入研究反式脂肪酸的种类、来源及潜在危害之余，掌握其检测方法同样至关重要。目前，多种检测技术已被广泛应用于反式脂肪酸的定量与定性分析，包括傅里叶红外光谱（FTIR）法、气相色谱（GC）法、气相色谱 - 质谱联用（GC-MS）法、银离子薄层色谱（Ag^+-TLC）法以及毛细管电泳（CE）法等[48,49]。其中，傅里叶红外光谱法根据反式双键在 $966cm^{-1}$ 处有最大吸收峰的原理来分离测定反式脂肪酸，具有简单快速、无需甲酯化、不使用毒性溶剂等优点。其中，特征吸收频率可用于反式脂肪酸的定性分析，而特征峰的强度则用于反式脂肪酸的定量分析。

二、实验目标

（1）了解花生油、磷虾油和鱼油的红外吸收光谱。
（2）了解加热对花生油、磷虾油和鱼油的红外吸收光谱的影响。
（3）掌握傅里叶变换红外分析仪（FTIR）的测定原理和操作方法。

三、实验原理

压片法属于透射法，通常采用卤化物压片法，其中溴化钾（KBr）是首选材料。在红外光谱分析中，KBr 的作用是作为稀释剂，这主要是因为中红外区（波数 $4000 \sim 400cm^{-1}$ 的范围内）是进行化学分析的关键区域，而 KBr 在这一区域内无吸收峰，因此使用它作为压片材料不会对样品的红外信号造成干扰。利用压片机将 KBr 粉末压制成均匀的薄片，样品与 KBr 薄片混合均匀后，便可在红外光谱仪上进行测试。通过测量穿透 KBr 薄片的红外光的变化，可以获得样品的红外光谱图。反式烯烃中 C—H 的变形振动带在 $966cm^{-1}$ 附近的特征吸收峰与油脂中反式脂肪酸的含量密切相关，通过分析这一特征吸收峰的强度，可以反映油脂中反式脂肪酸双键的含量，为评估食品中的反式脂肪酸提供科学依据。

四、实验器材

1. 仪器与设备

红外压片模具、压片机、傅里叶变换红外光谱仪、烘箱。

2. 材料与试剂

花生油、磷虾油、鱼油、溴化钾（KBr）、研钵。

五、操作步骤

将花生油、磷虾油和鱼油样品在 180℃下加热 6h。取适量 KBr 置于烘箱中 120℃干燥至恒重后取出。在红外烤灯下，将干燥后的 KBr 在研钵中充分研磨，直至达到肉眼观察无明显颗粒的细腻状态。将研磨后的 KBr 粉末均匀地填充到固体压片模具中，然后把模具放入压片机中，旋紧手轮和放油阀，快速压动手动压把，观察压力表的压力达到 $10T/cm^2$ 后停止加压。静置半分钟后，拧松放油阀，旋松手轮取出模具，即可得均匀透明 KBr 压片。在 KBr 压片表面滴一滴油样（加热前后的花生油、磷虾油和鱼油样品）并涂抹均匀，然后装入固体样品测试架，放入红外检测仪，在分辨率 $4cm^{-1}$ 条件下，扫描 16 次，获得波数范围 $4000 \sim 400cm^{-1}$ 内油样的红外光谱吸收。

六、实验结果

使用 Origin 绘制加热前后花生油、磷虾油和鱼油样品的红外吸收光谱，观察三种油脂在加热后的红外吸收光谱变化，以及其是否在 $966cm^{-1}$ 位置存在反式双键吸收峰。

七、实验关键点

（1）采用 KBr 研磨压片法制样时，一般选择光谱纯的 KBr 颗粒。

（2）KBr 颗粒在使用前需要进行烘干，防止吸水，压好的晶片如果不能立即测试，需要保存在干燥环境下。

（3）在测量样品前，需要进行基线扫描。基线是没有样品的空白光谱，用于去除仪器和环境的干扰。

（4）压片时 KBr 的取用量一般 200mg 左右，应根据 KBr 压片的厚度来控制 KBr 的量，一般压片厚度应在 0.5mm 以下。厚度大于 0.5mm 时，常可在光谱上观察到干涉条纹，对样品光谱产生干扰。

八、实验讨论与反思

（1）溴化钾压片的均匀性是否会对实验结果造成影响？

（2）本实验测定的样品油脂是在溴化钾压片后滴加并涂抹均匀，若测量的样品为固体粉末类，要如何与溴化钾压片混合？

九、拓展思考

气相色谱法和红外吸收光谱法都是常用的测定反式脂肪酸的方法，这两种方法有什么区别？分别适用于哪种类型的样品？

参考文献

[1] Muñoz P, Munné-Bosch S. Vitamin E in plants: Biosynthesis, transport, and function[J]. Trends in Plant Science, 2019, 24(11): 1040-1051.

[2] 姚兴兰，王磊，张兰. 植物维生素 E 生物强化研究进展 [J]. 生物技术进展, 2020, 10(5): 479-486.

[3] Kim H J., Lee H O., Min D B. Effects and prooxidant mechanisms of oxidizedα-tocopherol on the oxidative stability of soybean oil[J]. Journal of Food Science, 2007, 72(4): C223-C230.

[4] Peh H Y, Tan W S D, Liao W, et al. Vitamin E therapy beyond cancer: Tocopherol versus tocotrienol[J]. Pharmacology & Therapeutics, 2016, 162: 152-169.

[5] Jiang Q. Natural forms of vitamin E: metabolism, antioxidant, and anti-inflammatory activities and their role in disease prevention and therapy[J]. Free Radical Biology and Medicine, 2014, 72: 76-90.

[6] Lei C, Tang X, Chen M, et al. Alpha-tocopherol-based microemulsion improving the stability of carnosic acid and its electrochemical analysis of antioxidant activity[J]. Colloids and Surfaces A: Physicochemical and Engineering Aspects, 2019, 580: 123708.

[7] Alves F C G B S, Coqueiro A, Março P H, et al. Evaluation of olive oils from the Mediterranean region by UV-Vis spectroscopy and independent component analysis[J]. Food Chemistry, 2019, 273: 124-129.

[8] Cayuela J A, García J F. Sorting olive oil based on alpha-tocopherol and total tocopherol content using near-infra-red spectroscopy (NIRS) analysis[J]. Journal of Food Engineering, 2017, 202: 79-88.

[9] Urvaka E, Mišina I, Soliven A, et al. Rapid separation of all four tocopherol homologues in selected fruit seeds via supercritical fluid chromatography using a solid-core C18 column[J]. Journal of Chemistry, 2019, 2019(1): 5307340.

[10] Rotondo A, La Torre G L, Gervasi T, et al. A fast and efficient ultrasound-assisted extraction of tocopherols in cow milk followed by HPLC determination[J]. Molecules, 2021, 26(15): 4645.

[11] Petrovic T, Perera D, Cozzolino D, et al. Feasibility of discriminating powdery mildew-affected grape berries at harvest using mid-infrared attenuated total reflection spectroscopy and fatty acid profiling[J]. Australian Journal of Grape and Wine Research, 2017, 23(3): 415-425.

[12] Nguyen D D, Solah V A, Hunt W, et al. Fatty acid profiling of Western Australian pasteurised milk using gas chromatography-mass spectrometry[J]. Food Research International, 2024, 180: 114050.

[13] Liu Y, Chen M, Li Y, et al. Analysis of lipids in green coffee by ultra-performance liquid chromatography-time-of-flight tandem mass spectrometry[J]. Molecules, 2022, 27(16): 5271.

[14] Beale D J, Pinu F R, Kouremenos K A, et al. Review of recent developments in GC-MS approaches to metabolomics-based research[J]. Metabolomics, 2018, 14(11): 152.

[15] Ichihara K, Kohsaka C, Tomari N, et al. Fatty acid analysis of triacylglycerols: Preparation of fatty acid methyl esters for gas chromatography[J]. Analytical Biochemistry, 2016, 495: 6-8.

[16] Ecker J, Scherer M, Schmitz G, et al. A rapid GC-MS method for quantification of positional and geometric isomers of fatty acid methyl esters[J]. Journal of Chromatography B, 2012, 897: 98-104.

[17] Masood A, Stark K D, Salem N. A simplified and efficient method for the analysis of fatty acid methyl esters suitable for large clinical studies[J]. Journal of Lipid Research, 2005, 46(10): 2299-2305.

[18] Christophersen P C, Christiansen M L, Holm R, et al. Fed and fasted state gastro-intestinal in vitro lipolysis: In vitro in vivo relations of a conventional tablet, a SNEDDS and a solidified SNEDDS[J]. European Journal of Pharmaceutical Sciences, 2014, 57: 232-239.

[19] N 'Goma J-C B, Amara S, Dridi K, et al. Understanding the lipid-digestion processes in the GI tract before designing lipid-based drug-delivery systems[J]. Therapeutic Delivery, 2012, 3(1): 105-124.

[20] Sarkar A, Ye A, Singh H. On the role of bile salts in the digestion of emulsified lipids[J]. Food Hydrocolloids, 2016, 60: 77-84.

[21] Calvo-Lerma J, Fornés-Ferrer V, Heredia A, et al. In vitro digestion models to assess lipolysis: The impact of the simulated conditions of gastric and intestinal pH, bile salts and digestive fluids[J]. Food Research International, 2019, 125: 108511.

[22] Yan Y, Liu Y, Zeng C, et al. Effect of digestion on ursolic acid self-stabilized water-in-oil emulsion: Role of bile salts[J]. Foods, 2023, 12(19): 3657.

[23] Hu M, Li Y, Decker E A, et al. Role of calcium and calcium-binding agents on the lipase digestibility of emulsified lipids using an in vitro digestion model[J]. Food Hydrocolloids, 2010, 24(8): 719-725.

[24] Reis P, Holmberg K, Miller R, et al. Competition between lipases and monoglycerides at interfaces[J]. Langmuir, 2008, 24(14): 7400-7407.

[25] Torcello-Gómez A, Boudard C, Mackie A R. Calcium alters the interfacial organization of hydrolyzed lipids during intestinal digestion[J]. Langmuir, 2018, 34(25): 7536-7544.

[26] Zhang Y, Tang J, Zhao J, et al. The interaction between lipoxygenase-catalyzed oxidation and autoxidation in dry-cured bacon and a model system[J]. Journal of Food Science, 2015, 80(12): C2640-C2646.

[27] Wang Z, Tu J, Zhou H, et al. A comprehensive insight into the effects of microbial spoilage, myoglobin autoxidation, lipid oxidation, and protein oxidation on the discoloration of rabbit meat during retail display[J]. Meat Science, 2021, 172: 108359.

[28] Toorani M R, Golmakani M-T. Effect of triacylglycerol structure on the antioxidant activity of γ-oryzanol[J]. Food Chemistry, 2022, 370: 130974.

[29] Zeb A, Murkovic M. Pro-oxidant effects of β-carotene during thermal oxidation of edible oils[J]. Journal of the American Oil Chemists'Society, 2013, 90(6): 881-889.

[30] da Silva A C, Jorge N. Influence of Lentinus edodes and Agaricus blazei extracts on the prevention of oxidation and retention of tocopherols in soybean oil in an accelerated storage test[J]. Journal of Food Science and Technology, 2014, 51(6): 1208-1212.

[31] Gallego M G, Gordon M H, Segovia F J, et al. Antioxidant properties of three aromatic herbs (rosemary, thyme and lavender) in oil-in-water emulsions[J]. Journal of the American Oil Chemists' Society, 2013, 90(10): 1559-1568.

[32] Cong S, Dong W, Zhao J, et al. Characterization of the lipid oxidation process of robusta green coffee beans and shelf life prediction during accelerated storage[J]. Molecules, 2020, 25(5): 1157.

[33] Yan M, Wang W, Xu Q, et al. Novel oxidation indicator films based on natural pigments and corn starch/carboxymethyl cellulose[J]. International Journal of Biological Macromolecules, 2023, 253: 126630.

[34] Zhang N, Li Y, Wen S, et al. Analytical methods for determining the peroxide value of edible oils: A mini-review[J]. Food Chemistry, 2021, 358: 12983

[35] Liu X, Piao C, Ju M, et al. Effects of low salt on lipid oxidation and hydrolysis, fatty acids composition and volatiles flavor compounds of dry-cured ham during ripening[J]. LWT, 2023, 187: 115347.

[36] Song S, Zheng F, Tian X, et al. Evolution analysis of free fatty acids and aroma-active compounds during tallow oxidation[J]. Molecules, 2022, 27(2): 352.

[37] Chen S, Lu J, Qian M, et al. Untargeted headspace-gas chromatography-ion mobility spectrometry in combination with chemometrics for detecting the age of Chinese liquor (Baijiu)[J]. Foods, 2021, 10(11): 2888.

[38] Denia A, Esteve-Turrillas F A, Armenta S. Analysis of drugs including illicit and new psychoactive substances in oral fluids by gas chromatography-drift tube ion mobility spectrometry[J]. Talanta, 2022, 238: 122966.

[39] Alonso R, Rodríguez-Estévez V, Domínguez-Vidal A, et al. Ion mobility spectrometry of volatile compounds from Iberian pig fat for fast feeding regime authentication[J]. Talanta, 2008, 76(3): 591-596.

[40] Adams K J, Smith N F, Ramirez C E, et al. Discovery and targeted monitoring of polychlorinated biphenyl metabolites in blood plasma using LC-TIMS-TOF MS[J]. International Journal of Mass Spectrometry, 2018, 427: 133-140.

[41] Denawaka C J, Fowlis I A, Dean J R. Evaluation and application of static headspace-multicapillary column-gas chromatography-ion mobility spectrometry for complex sample analysis[J]. Journal of Chromatography A, 2014, 1338: 136-148.

[42] Mochalski P, Wiesenhofer H, Allers M, et al. Monitoring of selected skin- and breath-borne volatile organic compounds emitted from the human body using gas chromatography ion mobility spectrometry (GC-IMS)[J]. Journal of Chromatography B, 2018, 1076: 29-34.

[43] Guo Q, Li T, Qu Y, et al. New research development on trans fatty acids in food: Biological effects, analytical methods, formation mechanism, and mitigating measures[J]. Progress in Lipid Research, 2023, 89: 101199.

[44] Cui Y, Hao P, Liu B, et al. Effect of traditional Chinese cooking methods on fatty acid profiles of vegetable oils[J]. Food Chemistry, 2017,

233: 77-84.

[45] Brouwer I A, Wanders A J, Katan M B. Trans fatty acids and cardiovascular health: research completed?[J]. European Journal of Clinical Nutrition, Nature Publishing Group, 2013, 67(5): 541-547.

[46] Oteng A-B, Kersten S. Mechanisms of action of *trans* fatty acids[J]. Advances in Nutrition, 2020, 11(3): 697-708.

[47] Calder P C. Functional roles of fatty acids and their effects on human health[J]. Journal of Parenteral and Enteral Nutrition, 2015, 39(1S): 18S-32S.

[48] 裴紫薇，杨杰，张磊，等. 载气类型对气相色谱法分离顺 - 反脂肪酸异构体的影响 [J]. 食品科学，2021, 42(6): 200-205.

[49] Cho I K, Kim S, Khurana H K, et al. Quantification of *trans* fatty acid content in French fries of local food service retailers using attenuated total reflection - Fourier transform infrared spectroscopy[J]. Food Chemistry, 2011, 125(3): 1121-1125.

实验 4
干制品品质分析与评价——以巴沙鱼片为例

实验 4-1　不同干燥方式下巴沙鱼片的游离氨基酸测定

一、背景知识

巴沙鱼，又称多利鱼、博氏巨鲶，鱼体呈纺锤形，头小且扁平，主要分布于南亚和东南亚的淡水流域[1]。巴沙鱼具有生长周期较短、出肉率高、刺少、易饲养等优点，是我国广东、海南等地区水产养殖的主要品种之一。巴沙鱼肉质鲜嫩美味，富含蛋白质、矿物质、维生素等多种营养物质，具有较高的食用价值和营养保健价值[2,3]。市面上常见的巴沙鱼以冷冻销售为主，然而冷冻食品的口感、风味和营养价值均无法和新鲜状态相比，限制了巴沙鱼的市场销售。

干燥是鱼类最常用的加工方式之一。它能够降低鱼肉中的水分活度，抑制微生物的生长、霉变以及储存过程中的化学变化，从而延长鱼肉的货架期[4]。此外，干燥过程中鱼肉组织还会发生一系列化学反应，生成醛类、醇类、酮类等挥发性物质成分，形成新的特征风味[5]。目前，常见的食品干燥方法包括日晒干燥、热泵干燥、热风干燥、冷风干燥、微波干燥、真空干燥等。热风干燥是指将热空气循环作用于食品表面，促进食品内部水分高效蒸发的方法。微波干燥是指基于偶极旋转和离子迁移现象，在食品内部直接生成热量，借助高频电磁波迅速脱除水分的方法。冷风干燥是指通过模拟秋冬自然条件，构建低温、低湿以及高风速的环境，对食品进行快速脱水的方法。真空干燥是指是在负压状态下，通过真空产生压力梯度去除食品中水分的方法。干燥方法的不同显著影响着食品内部的热量传递和水分迁移，进而对食品的色泽、风味和结构产生差异化影响，赋予食品独特的感官品质和特征风味。

风味是消费者选购食品的重要指标，主要由滋味（非挥发性呈味物质）和气味（挥发性呈香物质）两部分构成[6]。滋味物质由游离氨基酸、呈味核苷酸、有机酸等物质构成。气味物质则是由醇类、醛类、烃类等挥发性化合物构成。游离氨基酸作为一类重要的滋味成分，可以呈现出甜、苦、鲜等不同滋味，其种类和含量直接影响食品的鲜美程度[7]。本实验采用热风干燥、冷风干燥、微波干燥、真空干燥方式处理巴沙鱼片，探究不同干燥方式对巴沙鱼片中游离氨基酸的影响。

二、实验目标

（1）掌握热风干燥、冷风干燥、微波干燥、真空干燥等常用的食品干燥方法。
（2）掌握全自动氨基酸分析仪的测定原理和操作方法。

（3）探究不同干燥方式对巴沙鱼片中游离氨基酸的影响。

三、实验原理

不同干燥方式制备的巴沙鱼片具有不同的风味，其风味的形成与蛋白质的氧化、水解有着密不可分的联系。在内源性蛋白酶的作用下，蛋白质被分解为多肽、寡肽、游离氨基酸等小分子物质，其中游离氨基酸对干燥鱼片滋味起主要作用[8]。不同的游离氨基酸具有不同的呈味特征，根据呈味特征的类型，可以将游离氨基酸分为鲜味氨基酸、甜味氨基酸和苦味氨基酸。鲜味氨基酸包括天冬氨酸和谷氨酸。甜味氨基酸包括丙氨酸、甘氨酸、丝氨酸、苏氨酸、赖氨酸、脯氨酸等。这些鲜味、甜味氨基酸可与味觉受体作用，赋予鱼片独特的风味[9]。苦味氨基酸包括精氨酸、组氨酸、异亮氨酸、亮氨酸、甲硫氨酸、苯丙氨酸、缬氨酸、酪氨酸等，可以参与热反应形成鱼肉的特征风味。其中，精氨酸具有提高鲜味的作用，是形成鱼肉特征风味的重要前体物质。含硫氨基酸可以参与美拉德反应，产生甲硫基丙醛等含硫化合物，为鱼肉提供肉类香味[10]。

全自动氨基酸分析仪的测定原理是茚三酮比色法。样品中游离氨基酸经磺酸型阳离子交换柱分离后，运用具有不同 pH 值和离子浓度的缓冲液将氨基酸依次洗脱下来，与茚三酮试剂进行显色反应。伯胺与茚三酮反应生成在 570nm 波长处具有最大吸收的蓝紫色化合物，仲胺与茚三酮反应生成在 440nm 波长处具有最大吸收的黄色化合物，最后通过紫外 - 可见分光光度计测定样品中游离氨基酸的含量。

四、实验器材

1. 仪器与设备

电子天平、电热鼓风干燥箱、冷风干燥箱、微波炉、真空干燥箱、冰箱、全自动氨基酸分析仪、均质机、高速冷冻离心机、pH 计、培养皿、离心管、称量纸、药匙、烧杯、容量瓶、玻璃棒、量筒、微孔滤膜（0.22μm）、移液枪、枪头。

2. 材料与试剂

巴沙鱼、三氯乙酸、氢氧化钠、盐酸、柠檬酸、柠檬酸钠、茚三酮。

五、操作步骤

1. 原料预处理

巴沙鱼去除内脏、外皮和头部，用无菌水清洗干净，沥水 10min。取背部两侧的肌肉，切成厚薄均匀、大小一致的鱼片（25mm×20mm×5mm），置于 4℃冰箱中放置 4h，使鱼片内部水分分布均匀。

2. 干燥处理

将巴沙鱼片从冰箱中取出，平铺在干净的培养皿上，进行干燥处理。

（1）热风干燥：将培养皿置于电热鼓风干燥箱，设置温度为 70℃，干燥 6h。

（2）冷风干燥：将培养皿置于冷风干燥箱，设置温度为 20℃，干燥 24h。

（3）微波干燥：将培养皿置于微波炉，设置功率为 210W，干燥 0.5h。

（4）真空干燥：将培养皿置于真空干燥箱，设置真空度为 0.09MPa，温度为 70℃，干燥 5h。

3. 游离氨基酸测定

采用全自动氨基酸分析仪对巴沙鱼片中游离氨基酸的组成和含量进行分析，每组样品平行测定 3 次。称取 2g 干燥鱼片，加入 15mL 质量分数为 15% 的三氯乙酸溶液，置于均质机中均质化处理 2min，室温条件下静置 2h。利用离心机在 10000r/min 下离心 15min，取 5mL 上清液，用浓度为 3mol/L 的 NaOH 溶液调节 pH 值至 2.0，加去离子水定容至 10mL。取 1mL 上述溶液，过 0.22μm 的微孔滤膜，转移至进样瓶，待测定。测试采用磺酸基阳离子交换色谱柱（4.6mm×60.0mm×3μm），柱温 50℃，检测波长 570nm（脯氨酸为 440nm），流动相为柠檬酸钠缓冲液（pH = 3.2、3.3、4.0、4.9），流动相流速 0.40mL/min，反应溶液为质量浓度 4% 的茚三酮溶液，反应溶液流速 0.35mL/min，进样量 20μL。

六、实验结果

将不同干燥方式制备的巴沙鱼片中游离氨基酸含量填入表 4-1 中。

表4-1　不同干燥方式制备的巴沙鱼片中游离氨基酸含量

单位：mg/100g

游离氨基酸种类		干燥方式			
		热风干燥	冷风干燥	微波干燥	真空干燥
鲜味氨基酸	天冬氨酸（Asp）				
	谷氨酸（Glu）				
	总量				
甜味氨基酸	丙氨酸（Ala）				
	甘氨酸（Gly）				
	丝氨酸（Ser）				
	苏氨酸（Thr）				
	赖氨酸（Lys）				
	脯氨酸（Pro）				
	总量				
苦味氨基酸	精氨酸（Arg）				
	组氨酸（His）				
	异亮氨酸（Ile）				
	亮氨酸（Leu）				
	甲硫氨酸（Met）				

续表

游离氨基酸种类		干燥方式			
		热风干燥	冷风干燥	微波干燥	真空干燥
苦味氨基酸	苯丙氨酸（Phe）				
	缬氨酸（Val）				
	酪氨酸（Tyr）				
	总量				
总游离氨基酸					

七、实验关键点

（1）巴沙鱼片经干燥处理后，应先冷却至室温，再进行游离氨基酸测定。

（2）茚三酮试剂的显色率会随着时间推移而逐渐衰减，在进行长时间测定实验时，应采用氨基酸标准溶液对其浓度进行检验。

（3）游离氨基酸测定结束后，设定清洗程序对全自动氨基酸分析仪进行清洗，以确保下一次测试的准确性。

八、实验讨论与反思

（1）不同干燥方式制备的巴沙鱼片外观有何区别？

（2）哪种干燥方式制备的巴沙鱼片的鲜味、甜味氨基酸含量最高？为什么？

（3）全自动氨基酸分析仪测定游离氨基酸的原理？可以用来测定哪些种类氨基酸的含量？

九、拓展思考

（1）水产品的干燥方法有哪些？各自有何优缺点？

（2）干燥过程中，哪些因素会影响鱼片的风味？分别有何影响？

（3）游离氨基酸的测定方法有哪些？与全自动氨基酸分析仪法相比，有何优缺点？

实验 4-2 不同干燥方式下巴沙鱼片的呈味核苷酸测定

一、背景知识

核苷酸的种类和含量是影响鱼肉风味的另一个重要因素。鱼类死后肌肉中腺苷三磷酸（ATP）分解形成一系列核苷酸及其关联产物[11]，包括腺苷二磷酸（ADP）、腺苷酸（AMP）、肌苷酸（IMP）、次黄嘌呤核苷（HxR）和次黄嘌呤（Hx）。IMP和AMP具有甜味和鲜味，对鱼肉的滋味有主要贡献[12]。降解终产物Hx具有苦味，对鱼肉的滋味有一定的负作用[13]。此外，鸟苷酸（GMP）作为鱼肉中重要的呈味核苷酸，可以与AMP和IMP相互作用，具有协同增鲜的效果[14]。本实验采用高效液相色谱测定巴沙鱼片中呈味核苷酸的含量，探究不同干燥方式对巴沙鱼片中呈味核苷酸的影响。

二、实验目标

（1）掌握高效液相色谱仪的操作与使用。

（2）探究不同干燥方式对巴沙鱼片中呈味核苷酸的影响。

三、实验原理

核苷酸及其关联产物直接影响鱼肉的滋味和新鲜程度，其中GMP和IMP对鱼肉鲜味的贡献最大。GMP和IMP不仅自身具有诱人的鲜味与甜味，还可以与天冬氨酸、谷氨酸等游离氨基酸产生协同效应，生成更强烈的鲜味[14-16]。干燥过程中，温度对巴沙鱼片中呈味核苷酸的含量有显著影响[17,18]。一方面，低温会减缓核苷酸类物质的降解速率，使鱼肉中GMP和IMP的含量升高。另一方面，低温能够抑制酶的生物活性，降低鱼肉中HxR和Hx的积累，从而阻止鱼片中不利风味的形成。因此，选择适宜的干燥条件有利于提高巴沙鱼片中呈味核苷酸含量，赋予干燥鱼片更鲜美的风味。

高效液相色谱（high performance liquid chromatography, HPLC）由输送流动相的泵、进样的自动进样器、分离化合物的固定相色谱柱以及测定化合物的检测器四部分组成。HPLC运用高压输液系统，将流动相注入内置固定相的色谱柱中，样品中的不同组分依据其物理化学性质的不同在色谱柱内实现有效分离，最终进入紫外可见光检测器进行定性与定量分析。

四、实验器材

1. 仪器与设备

电子天平、均质机、高速冷冻离心机、pH计、高效液相色谱仪、离心管、称量纸、药匙、烧杯、容量瓶、玻璃棒、量筒、微孔滤膜（0.22μm）、移液枪、枪头。

2. 材料与试剂

实验4-1中制备的干燥巴沙鱼片、高氯酸、氢氧化钠、盐酸、磷酸氢二钾、甲醇。

五、操作步骤

采用 HPLC 对巴沙鱼片中呈味核苷酸的组成和含量进行测定，每组样品平行测定 3 次。称取 1g 干燥鱼片，置于 50mL 离心管中，加入 15mL 体积分数为 5% 的高氯酸溶液，在均质机中均质 1min。在 4℃ 条件下以 8000r/min 离心 10min，收集上清液。所得沉淀用同样的方法再提取 1 次，合并提取的上清液。用浓度为 3mol/L 的 NaOH 溶液调节 pH 值至 6.5，加入超纯水定容至 50mL。取 1mL 上述溶液，过 0.22μm 的微孔滤膜，待测定。测试采用 AQ-C18 色谱柱（4.6mm×250mm×5μm），流动相为 0.05mol/L 磷酸氢二钾溶液（pH=4.68）和甲醇溶液以 1∶1 的体积比混合，流动相流速 1mL/min，检测波长 254nm，柱温 25℃，进样量 10μL。

六、实验结果

将不同干燥方式制备的巴沙鱼片中呈味核苷酸含量填入表 4-2 中。

表4-2　不同干燥方式制备的巴沙鱼片中呈味核苷酸含量

单位：mg/100g

呈味核苷酸种类	干燥方式			
	热风干燥	冷风干燥	微波干燥	真空干燥
IMP				
AMP				
GMP				
Hx				

七、实验关键点

（1）测定呈味核苷酸过程中，样品温度应始终保持在 4℃ 以下。

（2）提取巴沙鱼片中呈味核苷酸时，应使用预冷后的高氯酸。

（3）样品制备时要经过 0.22μm 的微孔滤膜过滤，防止固体微粒进入 HPLC 的泵体。

八、实验讨论与反思

（1）鱼肉中含有哪些种类的呈味核苷酸？分别对鱼片的风味起什么作用？

（2）哪种干燥方式制备的巴沙鱼片的呈味核苷酸含量最高？为什么？

九、拓展思考

（1）为什么要在 254nm 的吸光度下测定呈味核苷酸含量？可以选择其他的吸光度进行测定吗？

（2）除了游离氨基酸和呈味核苷酸，还有哪些成分会对鱼片的滋味造成影响？

实验 4-3　不同干燥方式下巴沙鱼片的鲜味评价

一、背景知识

鲜味作为人的第五种基本味觉，主要由氨基酸和核苷酸等物质产生，是评价食品滋味的重要指标[19]。鲜味评价方法包括化学指标评价、人工感官评价、生物传感器评价等。味精当量（equivalent umami concentration, EUC）是评价鱼肉鲜味强度的常用化学指标，不仅可以准确评价鱼肉中鲜味成分的鲜味强度和滋味贡献程度，还能最大限度地减少品牌标识和包装信息对消费者的潜在影响[16,20,21]。人工感官评价作为另一种被广泛用来评价食品风味的方法，具有简单迅速、直观实用等优点，在食品风味评价中有着不可替代的地位。本实验通过测定味精当量和人工感官评价，探究不同干燥方式对巴沙鱼片鲜味的影响，旨在为巴沙鱼片干燥方式的选择提供参考。

二、实验目标

（1）掌握鲜味的评价指标和计算方法。
（2）探究不同干燥方式对巴沙鱼片鲜味的影响。
（3）理解味精当量在食品风味评价中的意义。

三、实验原理

游离氨基酸和呈味核苷酸作为干燥鱼片中的主要呈味物质之一，不仅自身具有独特的呈味特征，还能相互结合起到协同增鲜的作用[22]。EUC 是指呈味核苷酸（GMP、IMP、AMP）与鲜味氨基酸（Asp 和 Glu）之间产生的协同增强鲜味的作用，以同等鲜味所需的谷氨酸钠（monosodium glutamate, MSG）的浓度来表示[23]。食品的鲜度与 EUC 值呈正相关，即 EUC 值越大，干燥鱼片的鲜度越大。

四、实验器材

1. 仪器与设备

电子天平、称量纸、药匙。

2. 材料与试剂

实验 4-1 中制备的干燥巴沙鱼片。

五、操作步骤

1. 味精当量

EUC 表示每 100g 样品所含谷氨酸钠当量，用于量化食品的鲜味强度。按照下列公式计算干燥鱼片的 EUC。

$$EUC = \sum a_i b_i + 1218 \left(\sum a_i b_i \right) \left(\sum a_j b_j \right)$$

式中，a_i 为鲜味氨基酸（Asp 和 Glu）的浓度，g/100g；b_i 为鲜味氨基酸相对于谷氨酸的鲜味系数，Glu = 1、Asp = 0.077；1218 为协同作用常数；a_j 为呈味核苷酸（GMP、IMP、AMP）的浓度，g/100g；b_j 为呈味核苷酸相对于谷氨酸的鲜味系数，GMP = 2.3、IMP = 1、AMP = 0.18。

2. 感官评价

称取 1g 干燥鱼片，选取 6 名无饮食偏见和过敏反应、经验丰富的人员组成感官评价小组，对不同干燥方式制备的巴沙鱼片鲜味进行评价。鲜味评分采用 10 分制，分值越大，鲜味强度越强（0～2：可有可无；3～4：弱；5～6：中等；7～8：强；9～10：非常强）。

六、实验结果

将不同干燥方式制备的巴沙鱼片的鲜味指标填入表 4-3 中。

表4-3 不同干燥方式制备的巴沙鱼片的鲜味评价

指标	热风干燥	冷风干燥	微波干燥	真空干燥
EUC/(g MSG/100g)				
鲜味 / 分				

七、实验关键点

（1）感官评价过程中，每检验完一种食品，须用温水漱口。

（2）食品感官评价应按照刺激性由弱到强的顺序进行，以确保评价结果真实可靠。

八、实验讨论与反思

（1）鱼肉中的呈鲜物质有哪些？不同类型的食品中呈鲜物质一致吗？

（2）感官评价过程中，哪些因素会影响评价结果？

九、拓展思考

（1）除了味精当量和人工感官评价，鲜味的评价方法还有哪些？

（2）对食品风味进行评价时，化学指标、生物传感器等新兴评价方法可以代替人工感官评价吗？为什么？

实验 4-4　不同干燥方式下巴沙鱼片的电子舌分析

一、背景知识

电子舌作为一种新型的现代化分析检测仪器，可以模拟人的舌头对待测样品的酸、苦、涩、咸、鲜等基本味和回味指标进行数字化评价 [24]。电子舌检测无需样品前处理，对样品不会造成破坏。与感官评价相比，电子舌具有重复性好、测量快速、结果准确、感受阈值与人的舌头一致等优点，已被广泛用于饮料、水产品、肉制品、乳制品等食品的滋味评价 [14,25,26]。本实验采用电子舌对巴沙鱼片中的滋味成分进行分析，探究不同干燥方式对巴沙鱼片滋味的影响。

二、实验目标

（1）掌握电子舌的测定原理和操作方法。

（2）探究不同干燥方式对巴沙鱼片滋味的影响。

三、实验原理

人体的味觉主要依赖于舌面不同位置的味蕾，感受不同味觉物质的刺激信号，从而区分出不同物质的感官信息。电子舌系统中的传感器阵列相当于人舌头的味蕾，通过采集各种不同信号对样品进行区分、辨识，最终得出样品的感官信息 [27]。电子舌味觉传感系统包括 5 种不同类型的传感器 [28]，即酸味、鲜味、咸味、涩味和苦味，传感器的特点及性能见表 4-4。若两个样品在某一个滋味指标上的强度值之差大于 1，则人类的舌头也能识别出不同之处。电子舌的数据分析方法包括主成分分析（principal component analysis, PCA）、线性判别分析（linear discriminant analysis, LDA）、负荷加载分析（loading analysis, LA）等，其中 PCA 是最常用的分析方法。PCA 是将传感器指标进行降维，把多指标转换成少数几个综合指标的分析方法。一般来说，主成分的累计方差贡献率越大，说明该主要成分反映样品味觉指标的效果越好。

表4-4 电子舌味觉传感系统及其主要应用

传感器名称	可评价的味道	
	本味	回味
AAE	鲜味（氨基酸和核苷酸引起的鲜味）	丰富度（可持续感知的鲜味）
CT0	咸味（食盐等无机盐引起的咸味）	无
CA0	酸味（醋酸、酒石酸等引起的酸味）	无
C00	苦味（苦味物质引起的苦味）	回味A
AE1	涩味（涩味物质引起的辛辣味）	回味B

注：回味A指苦味物质引起的苦味在口中持续或消失后又出现的味觉感受，回味B指涩味物质引起的辛辣味在口中留下的后续感觉。

四、实验器材

1. 仪器与设备

电子天平、均质机、高速冷冻离心机、电子舌、离心管、称量纸、药匙、烧杯、量筒。

2. 材料与试剂

实验4-1中制备的干燥巴沙鱼片。

五、操作步骤

采用TS-5000Z型电子舌对巴沙鱼片的口味进行分析，每组样品平行测定3次。称取1g干燥鱼片，加入20mL去离子水，在均质机中均质2min，室温静置30min。在4℃条件下以10000r/min离心10min，取上清液，倒入电子舌专用烧杯中，待测定。测定条件：传感器置于清洗液中清洗90s后，转移至参比溶液中清洗120s，重复2次。对样品溶液进行数据采集，采集时间为30s。利用主成分分析法对不同样品进行聚类判别分析。

六、实验结果

将不同干燥方式制备的巴沙鱼片各滋味响应值填入表4-5中，并绘制传感器雷达图和主成分分析图。

表4-5 不同干燥方式制备的巴沙鱼片各滋味响应值

滋味指标	热风干燥	冷风干燥	微波干燥	真空干燥
鲜味				
咸味				
酸味				
苦味				

滋味指标	热风干燥	冷风干燥	微波干燥	真空干燥
涩味				
丰富度				
回味 A				
回味 B				

七、实验关键点

（1）电子舌测定的样品必须是澄清液体，不能含有有机试剂，脂肪含量不能高于 5%，乙醇含量应小于 20%。

（2）电子舌使用前，需要先对味觉传感器进行活化和校准，以确保传感器处于稳定状态。

（3）每测量一次样品，需要对电子舌的传感器进行一次清洗。

八、实验讨论与反思

（1）简述电子舌的基本原理、系统构成和检测方法。

（2）电子舌可以替代人工感官评价对食品的滋味进行评价吗？为什么？

九、拓展思考

（1）电子舌的结果分析有哪些方法？各自的适用范围如何？

（2）除了评价食品的滋味，电子舌在食品工业中还有哪些应用？

实验 4-5　不同干燥方式下巴沙鱼片的电子鼻分析

一、背景知识

嗅觉是人类的基本感知能力之一，其基本功能是对气味的识别。电子鼻，又称气味扫描仪，是一种分析复杂风味物质的理想工具。电子鼻一般由气敏传感器阵列、信号处理子系统和模式识别子系统组成，利用传感器模拟人的嗅觉器官，对气味分子进行识别，然后通过信号处理子系统将化学信号转变成电信号，最终由模式识别子系统对测定结果做出判断[26,29]。与人工感官评价相比，电子鼻具有客观、准确、快速、重复性好、操作简单等优点，已被广泛用于水果、鱼类、肉制品、饮料等食品的气味检测[30,31]。本实验采用电子鼻对巴沙鱼片中的气味成分进行分析，探究不同干燥方式对巴沙鱼片气味的影响。

二、实验目标

（1）掌握电子鼻的测定原理和操作方法。

（2）探究不同干燥方式制备的巴沙鱼片对气味的影响。

三、实验原理

电子鼻系统包括 10 种金属氧化物半导体[32]，即 W1C、W5S、W3C、W6S、W5C、W1S、W1W、W2S、W2W 和 W3S，传感器性能如表4-6所示。测定时样品中的挥发性成分与传感器涂层发生反应，引起传感器电导率的改变。该过程可以得到传感器接触到样品挥发物后的电阻量（G）与传感器在经过标准活性炭过滤后空气的电阻量（G_0）的比值[33]。一般来说，测量所得的比值越偏离 1，气体浓度越大。如果气体浓度低于检测限或者没有感应到待测气体，则该比值趋近甚至等于 1。

表4-6　电子鼻传感器及其主要应用

阵列序号	传感器名称	性能描述
1	W1C	芳香成分，苯类
2	W5S	灵敏度大，对氮氧化合物灵敏
3	W3C	芳香成分灵敏，氨类
4	W6S	主要对氢化物有选择性
5	W5C	短链烷烃芳香成分
6	W1S	对甲基类灵敏
7	W1W	对硫化物灵敏
8	W2S	对醇类、醛酮类灵敏
9	W2W	芳香成分，对有机硫化物灵敏
10	W2W	对长链烷烃灵敏

四、实验器材

1. 仪器与设备

电子天平、便携式电子鼻、称量纸、药匙。

2. 材料与试剂

实验 4-1 中制备的干燥巴沙鱼片。

五、操作步骤

采用 PEN3 型便携式电子鼻对巴沙鱼片的挥发性气味进行检测，每组样品平行测定 3 次。称取 0.5g 粉碎的干燥鱼片，置于 10mL 进样瓶中，加盖密封，采用顶空进样方式进行检测。顶空平衡条件：平衡温度为 40℃，平衡时间为 1h。电子鼻测定条件：注射针温度为 50℃；载气流速 400mL/min；传感器流量 400mL/min；检测时间 120s；清洗时间 100s；特征值提取时间点 118 ～ 120s。利用主成分分析法对不同样品进行聚类判别分析。

六、实验结果

将不同干燥方式制备的巴沙鱼片各气味响应值填入表 4-7 中，并绘制传感器雷达图和主成分分析图。

表4-7　不同干燥方式制备的巴沙鱼片各气味响应值

滋味指标	热风干燥	冷风干燥	微波干燥	真空干燥
W1C				
W5S				
W3C				
W6S				
W5C				
W1S				
W1W				
W2S				
W2W				
W2W				

七、实验关键点

（1）进样之前，先对电子鼻传感器进行洗气，直至 10 个传感器的响应值均为 1。

（2）样品中挥发性成分扩散速度较慢，测试前需要静置一段时间，使其达到平衡状态。

八、实验讨论与反思

（1）简述电子鼻的系统构成、基本原理和检测方法。

（2）电子鼻可以替代人工感官评价对食品的气味进行评价吗？为什么？

九、拓展思考

（1）电子鼻传感器只能识别一大类物质，而不能精确到某种物质。要想得到具体的挥发性物质组成和比例，需要进行什么试验？

（2）除了评价食品的气味，电子鼻在食品工业中还有哪些应用？

实验 4-6 不同干燥方式下巴沙鱼片的挥发性成分分析

一、背景知识

不同干燥方式制备的巴沙鱼片具有不同的风味，其风味的形成与美拉德反应、脂肪氧化分解、Strecker 降解有着密不可分的联系。其中，脂肪氧化分解是干燥鱼片风味形成的主要途径。在脂肪酶的作用下，干燥鱼片中的脂质水解成游离脂肪酸。其中，不饱和脂肪酸在空气中被氧化成过氧化物，过氧化物进一步分解形成烃类、酮类、醛类、醇类等挥发性化合物 [34,35]。挥发性成分的分析一般分为两个步骤：第一步是分离，即从巴沙鱼片中分离出挥发性成分；第二步是结构鉴定和含量确定。固相微萃取（solid-phase microextraction, SPME）是分离挥发性成分的常用技术之一，集采样、富集、进样于一体，具有操作方便、快速高效、仪器简单、灵敏度高等优点 [36]。气相色谱 - 质谱联用技术（gas chromatography-mass spectrometry, GC-MS）作为挥发性成分的主要鉴定手段，可以实现多组分混合物的定性和定量分析。GC-MS 具有多重优势，不仅具有气相色谱灵敏度高、分离效果好、定量分析准确的特点，还具有质谱鉴别能力强、响应速度快的优点 [37,38]。本实验采用 SPME 提取干燥鱼片中挥发性成分，通过 GC-MS 对挥发性成分进行定性和定量分析，探究不同干燥方式对巴沙鱼片中挥发性成分的影响。

二、实验目标

（1）掌握 SPME 提取挥发性物质的操作方法。

（2）掌握 GC-MS 的测定原理和操作方法。

（3）探究不同干燥方式对巴沙鱼片中挥发性成分的影响。

三、实验原理

挥发性成分的组成和含量是影响干燥鱼片风味的关键因素。干燥鱼片中的挥发性化合物，如醛类、酮类、醇类、烃类、呋喃类、吡嗪类等，主要通过美拉德反应、脂质氧化降解和 Strecker 降解产生 [6,26,39-41]，具体形成机制如图 4-1 所示。

彩图

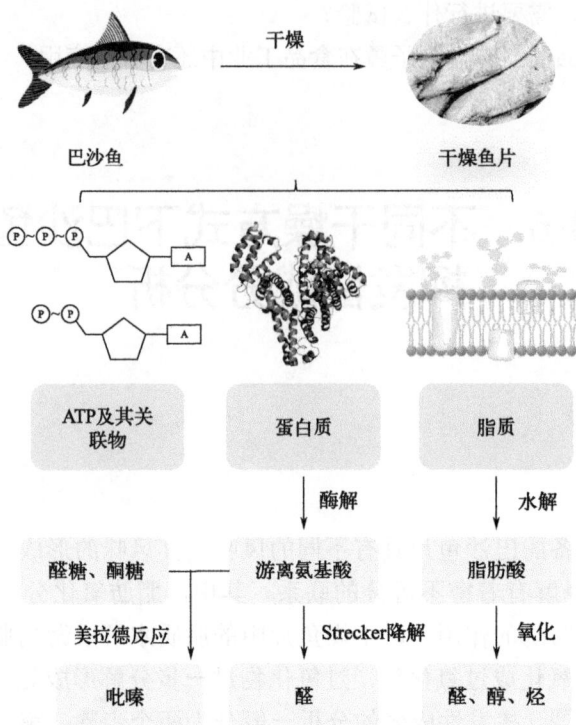

图 4-1 干燥鱼片的挥发性成分形成机制

（1）美拉德反应

在鱼片干燥过程中，氨基酸与还原糖发生美拉德反应，生成多种芳香化合物，如吡嗪、吡咯、硫化合物等。其中，吡嗪有助于鱼片形成独特的烧烤风味，对干燥食品的风味有显著贡献。

（2）脂质氧化分解

在脂肪酶的作用下，干燥鱼片中的脂质经历水解过程，转化为游离脂肪酸。其中，富含双键的不饱和脂肪酸，如油酸、亚油酸、花生四烯酸等，因其结构特性而易于氧化，进而生成过氧化物。这些过氧化物随后分解生成烃类、酮类、醛类、羧酸类、烯醇类、呋喃类等挥发性化合物。

（3）Strecker 降解

Strecker 降解主要包括两种途径。一种途径是二羰基化合物与氨基酸发生脱羧反应，生成二氧化碳、胺和醛类。另一种途径则是脂质过氧化物与氨基酸发生脱氨反应，生成羰基化合物和醇类。

四、实验器材

1. 仪器与设备

电子天平、水浴锅、固相微萃取装置、气相色谱 - 质谱联用仪、称量纸、药匙、烧杯、容量瓶、玻璃棒、量筒、移液枪、枪头。

2. 材料与试剂

实验 4-1 中制备的干燥巴沙鱼片、氯化钠、盐酸。

五、操作步骤

1. 挥发性成分的提取

采用 SPME 技术对巴沙鱼片中的挥发性成分进行提取。称取 1g 粉碎的干燥鱼片，置于 20mL 顶空瓶中，加入 5mL 质量浓度为 0.2g/mL 的 NaCl 溶液，在 50℃ 水浴锅中平衡 15min。萃取条件：50/30μm DVB/CAR/PDMS 萃取头，萃取温度 70℃，萃取时间 40min。萃取结束后，将萃取头插入 GC-MS 的进样口，于 250℃解吸 5min。

2. 挥发性成分的分析

采用 GC-MS 对巴沙鱼片中挥发性成分进行分析，每组样品平行测定 3 次。

GC 条件：HP-5MS 毛细管气相色谱柱（60m×0.25mm×0.1μm）；升温程序为初始温度为 40℃，保持 5min，以 5℃/min 升至 100℃，然后以 10℃/min 升至 280℃，保持 5min；进样口温度 250℃；接口温度 280℃；载气流速（He）1.0mL/min，不分流模式。

MS 条件：离子源 EI；离子化能量 70eV；离子源温度 230℃；传输线温度 250℃；溶剂延迟 3min；扫描方式：全扫描；扫描范围 30 ~ 550u。

GC-MS 定性和定量：将获得的挥发性成分与 NIST 谱库中标准物质的质谱图进行比对，对样品中的挥发性成分进行定性分析。挥发物的相对含量采用峰面积归一化法计算。

六、实验结果

比较不同干燥方式制备的巴沙鱼片中挥发性物质的总离子流图，并对挥发性物质进行定性和定量分析，填入表 4-8 中。

表4-8 不同干燥方式制备的巴沙鱼片中挥发性物质含量

挥发物类别	热风干燥		冷风干燥		微波干燥		真空干燥	
	数量	含量 /%	数量	含量 /%	数量	含量 /%	数量	含量 /%
酮类								
醇类								
醛类								
吡嗪类								
烃类								
其他类								

七、实验关键点

（1）萃取头在使用前应进行老化处理：置于气相色谱的进样口，在氮气保护下于270℃老化 1h。

（2）挥发性成分测定结束后，待离子源温度降到 50℃以下，进样口和传输线温度降到 100℃以下后，再关闭 GC-MS 电源。

八、实验讨论与反思

（1）哪种干燥方式制备的巴沙鱼片的挥发性物质含量最高？为什么？

（2）挥发性成分的提取方法有哪些？各自有何优缺点？

（3）GC-MC 定量分析方法有哪些？各自的适用范围如何？

九、拓展思考

（1）GC-MS 分流进样和不分流进样有何区别？分别适用于哪种情况？

（2）GC-MS 和 GC-IMS 都可以对挥发性成分进行定性和定量分析，它们的适用范围一致吗？有何区别？

参考文献

[1] Zhang Y, Ma L, Otte J. Optimization of hydrolysis conditions for production of angiotensin-converting enzyme inhibitory peptides from basa fish skin using response surface methodology[J]. Journal of Aquatic Food Product Technology, 2016, 25(5): 684-693.

[2] Chaijan M, Jongjareonrak A, Phatcharat S, et al. Chemical compositions and characteristics of farm raised giant catfish (*Pangasianodon gigas*) muscle[J]. LWT - Food Science and Technology, 2010, 43(3): 452-457.

[3] Thammapat P, Raviyan P, Siriamornpun S. Proximate and fatty acids composition of the muscles and viscera of Asian catfish (*Pangasius bocourti*)[J]. Food Chemistry, 2010, 122(1): 223-227.

[4] Akonor P T, Ofori H, Dziedzoave N T, et al. Drying characteristics and physical and nutritional properties of shrimp meat as affected by different traditional drying techniques[J]. International Journal of Food Science, 2016, 2016(1): 7879097.

[5] Deng Y, Luo Y, Wang Y, et al. Effect of different drying methods on the myosin structure, amino acid composition, protein digestibility and volatile profile of squid fillets[J]. Food Chemistry, 2015, 171: 168-176.

[6] Zhu Y, Chen X, Pan N, et al. The effects of five different drying methods on the quality of semi-dried *Takifugu obscurus* fillets[J]. LWT- Food Science and Technology, 2022, 161: 113340.

[7] Bu Y, Zhao Y, Zhou Y, et al. Quality and flavor characteristics evaluation of red sea bream surimi powder by different drying techniques[J]. Food Chemistry, 2023, 428: 136714.

[8] Zhao C J, Schieber A, Gaenzle M G. Formation of taste-active amino acids, amino acid derivatives and peptides in food fermentations - A review[J]. Food Research International, 2016, 89: 39-47.

[9] Moerdijk-Poortvliet T C W, de Jong D L C, Fremouw R, et al. Extraction and analysis of free amino acids and 5′-nucleotides, the key contributors to the umami taste of seaweed[J]. Food Chemistry, 2022, 370: 131352.

[10] Bernadette Dima J, Jose Baron P, Elisabet Zaritzky N. Mathematical modeling of the heat transfer process and protein denaturation during the thermal treatment of Patagonian marine crabs[J]. Journal of Food Engineering, 2012, 113(4): 623-634.

[11] Hong H, Regenstein J M, Luo Y. The importance of ATP-related compounds for the freshness and flavor of post-mortem fish and shellfish muscle: A review[J]. Critical Reviews in Food Science and Nutrition, 2017, 57(9): 1787-1798.

[12] Hwang D F, Chen T Y, Shiau C Y, et al. Seasonal variations of free amino acids and nucleotide-related compounds in the muscle of cultured Taiwanese puffer *Takifugu rubripes*[J]. Fisheries Science, 2000, 66(6): 1123-1129.

[13] Lawal A T, Adeloju S B. Progress and recent advances in fabrication and utilization of hypoxanthine biosensors for meat and fish quality assessment: A review[J]. Talanta, 2012, 100: 217-228.

[14] Li P, Gatlin D M. Nucleotide nutrition in fish: Current knowledge and future applications[J]. Aquaculture, 2006, 251(2-4): 141-152.

[15] Cheng J, Sun D, Zeng X, et al. Recent advances in methods and techniques for freshness quality determination and evaluation of fish and fish fillets: A review[J]. Critical Reviews in Food Science and Nutrition, 2015, 55(7): 1012-1025.

[16] Zhang N, Wang W, Li B, et al. Non-volatile taste active compounds and umami evaluation in two aquacultured pufferfish (*Takifugu obscurus* and *Takifugu rubripes*)[J]. Food Bioscience, 2019, 32: 100468.

[17] Cheng H, Mei J, Xie J. Analysis of changes in volatile compounds and evolution in free fatty acids, free amino acids, nucleotides, and microbial diversity in tilapia (*Oreochromis mossambicus*) fillets during cold storage[J]. Journal of the Science of Food and Agriculture, 2024, 104(5): 2959-2970.

[18] Kuda T, Fujita M, Goto H, et al. Effects of retort conditions on ATP-related compounds in pouched fish muscle[J]. LWT - Food Science and Technology, 2008, 41(3): 469-473.

[19] Wang W, Zhou X, Liu Y. Characterization and evaluation of umami taste: A review[J]. TRAC - Trends in Analytical Chemistry, 2020, 127: 115876.

[20] Kido S, Tanaka R. Umami-enhancing effect of mushroom stocks on Japanese fish stock based on the equivalent umami concentration (EUC) value[J]. International Journal of Gastronomy and Food Science, 2023, 34: 100832.

[21] Huang H, Wang Y, Shi W. Effects of different drying methods on the quality and nonvolatile taste compounds of black carp[J]. Journal of Food Processing and Preservation, 2021, 45(6): e15507.

[22] Liu T, Xia N, Wang Q, et al. Identification of the non-volatile taste-active components in crab sauce[J]. Foods, 2019, 8(8): 324.

[23] Kawai M, Uneyama H, Miyano H. Taste-active components in foods, with concentration on umami compounds[J]. Journal of Health Science, 2009, 55(5): 667-673.

[24] Jiang H, Zhang M, Bhandari B, et al. Application of electronic tongue for fresh foods quality evaluation: A review[J]. Food Reviews International, 2018, 34(8): 746-769.

[25] Mabuchi R, Ishimaru A, Tanaka M, et al. Metabolic profiling of fish meat by GC-MS analysis, and correlations with taste attributes obtained using an electronic tongue[J]. Metabolites, 2019, 9(1): 1.

[26] Zaukuu J L Z, Bazar G, Gillay Z, et al. Emerging trends of advanced sensor based instruments for meat, poultry and fish quality - a review[J]. Critical Reviews in Food Science and Nutrition, 2020, 60(20): 3443-3460.

[27] Grassi S, Benedetti S, Casiraghi E, et al. E-sensing systems for shelf life evaluation: A review on applications to fresh food of animal origin[J]. Food Packaging and Shelf Life, 2023, 40: 101221.

[28] Lu L, Hu Z, Hu X, et al. Electronic tongue and electronic nose for food quality and safety[J]. Food Research International, 2022, 162: 112214.

[29] Berna A. Metal oxide sensors for electronic noses and their application to food analysis[J]. Sensors, 2010, 10(4): 3882-3910.

[30] Choi H Y, Woo H E, Go E S, et al. Flavor characteristics of garlic fish cakes using electronic nose and tongue analyses[J]. Scientific Reports, 2024, 14(1): 6048.

[31] Jonsdottir R, Olafsdottir G, Martinsdottir E, et al. Flavor characterization of ripened cod roe by gas chromatography, sensory analysis, and electronic nose[J]. Journal of Agricultural and Food Chemistry, 2004, 52(20): 6250-6256.

[32] Lu L, Hu Z, Hu X, et al. Electronic tongue and electronic nose for food quality and safety[J]. Food Research International, 2022, 162: 112214.

[33] Karunathilaka S R, Ellsworth Z, Yakes B J. Detection of decomposition in mahi-mahi, croaker, red snapper, and weakfish using an electronic-nose sensor and chemometric modeling[J]. Journal of Food Science, 2021, 86(9): 4148-4158.

[34] Wu T, Mao L. Influences of hot air drying and microwave drying on nutritional and odorous properties of grass carp (*Ctenopharyngodon idellus*) fillets[J]. Food Chemistry, 2008, 110(3): 647-653.

[35] Sarnoski P J, O'Keefe S F, Jahncke M L, et al. Analysis of crab meat volatiles as possible spoilage indicators for blue crab (*Callinectes sapidus*) meat by gas chromatography-mass spectrometry[J]. Food Chemistry, 2010, 122(3): 930-935.

[36] Li Y, Yuan L, Liu H, et al. Analysis of the changes of volatile flavor compounds in a traditional Chinese shrimp paste during fermentation based on electronic nose, SPME-GC-MS and HS-GC-IMS[J]. Food Science and Human Wellness, 2023, 12(1): 173-182.

[37] Chen J, Tao L, Zhang T, et al. Effect of four types of thermal processing methods on the aroma profiles of acidity regulator-treated tilapia muscles using E-nose, HS-SPME-GC-MS and HS-GC-IMS[J]. LWT - Food Science and Technology, 2021, 147: 111585.

[38] Xiao N, Xu H, Jiang X, et al. Evaluation of aroma characteristics in grass carp mince as affected by different washing processes using an E-nose, HS-SPME-GC-MS, HS-GC-IMS, and sensory analysis[J]. Food Research International, 2022, 158: 111584.

[39] Yu D, Xu Y, Regenstein J M, et al. The effects of edible chitosan-based coatings on flavor quality of raw grass carp (*Ctenopharyngodon idellus*) fillets during refrigerated storage[J]. Food Chemistry, 2018, 242: 412-420.

[40] Zhu W, Luan H, Bu Y, et al. Flavor characteristics of shrimp sauces with different fermentation and storage time[J]. LWT - Food Science and Technology, 2019, 110: 142-151.

[41] Zhang J, Cao J, Pei Z, et al. Volatile flavour components and the mechanisms underlying their production in golden pompano (*Trachinotus blochii*) fillets subjected to different drying methods: A comparative study using an electronic nose, an electronic tongue and SDE-GC-MS[J]. Food Research International, 2019, 123: 217-225.

第三篇　食品保藏综合实验

食品保藏与杀菌技术是保障食品安全、延长货架期、维持营养与品质的关键环节，在食品科学与工程领域中占据核心地位。因此，探索高效、环保的保藏与杀菌方法显得尤为重要。传统的食品保藏技术包括干燥、腌制、熏制、冷藏、冷冻等，这些方法虽然可以在一定程度上抑制食品的腐败变质，但存在改变食品的味道和口感、需要高昂的设备成本和能源消耗等问题。本篇以环境友好、安全无毒、可生物降解的食用膜包装技术为例，分析了食品保藏方法对微生物杀灭效果以及食品品质的影响。常见的食品杀菌技术包括热处理、紫外线、脉冲电场等，但这些处理方法会对食品的理化性质和色香味造成不可避免的负面影响。本篇以高效、安全、低成本的光动力杀菌技术为例，深入探讨了食品杀菌技术对食品感官特性、营养成分以及安全性的影响。通过学习本篇，读者不仅能够掌握食品保藏与杀菌技术的基本原理，还能培养创新思维与问题解决能力，为未来在食品工业领域的实践与研究奠定坚实基础。

实验 5
生鲜制品杀菌效果分析与评价——以光动力杀菌为例

实验 5-1　牡蛎的光动力杀菌处理

一、背景知识

　　牡蛎，俗称海蛎子，双壳类软体动物，富含锌、牛磺酸以及对人体有益的氨基酸，具有很高的营养价值，是市面上最受欢迎的海鲜之一。然而，作为滤食性动物，牡蛎的生长位置比较固定，使得它们极易受到环境污染而富集有害微生物。此外，牡蛎柔软的肉体组织极易受损并腐败变质，新鲜食用时容易将病原微生物传播给消费者，从而可能引发从轻微胃肠炎到危及生命的综合征等各种疾病[1-2]。因此，当务之急是开发一种方法，在对牡蛎品质影响最小的情况下有效控制牡蛎中的病原菌。

　　牡蛎等水产品的常见保鲜方法包括热处理、紫外线、脉冲电场、高浓度二氧化碳灭菌等传统灭菌技术。与这些传统灭菌技术相比，光动力杀菌（photodynamic sterilization technology，PDI）因其高效、低成本、安全和环境友好等特点，在水产品保鲜领域展现出巨大的应用前景[3-5]。光动力杀菌的基本机理基于光敏剂、氧气和可见光之间的相互作用，当光敏剂被特定波长的光激活，吸收光子能量产生活性氧。随后，这些活性物质会杀死病原微生物，而不会损害邻近的组织和细胞，从而达到抗菌的目的[3,6]。

　　目前，已经发现或合成了许多新型光敏剂，包括抗菌光敏剂和抗癌光敏剂。其中，姜黄素作为一种天然植物酚类食品添加剂，已被世界卫生组织（WHO）、美国药品管理局（FDA）和我国批准使用。姜黄素不仅表现出出色的抗氧化性、良好的着色能力和较高的安全性，还具有良好的光敏性，在 $400 \sim 500nm$ 可见光照射下可有效抑制肿瘤细胞和病原微生物[2]。此外，姜黄素本身具有一定的杀菌功效，常被作为食品添加剂应用于食品加工领域，在食品微生物控制领域具有广泛的应用前景。

二、实验目标

　　（1）了解姜黄素作为光敏剂的杀菌原理。
　　（2）掌握光动力杀菌技术的基本原理及影响因素。
　　（3）理解光动力杀菌技术对食品工业的价值和意义。

三、实验原理

　　光动力杀菌是一种高效且安全的杀菌方法，它依赖于氧气、光敏剂与光源的有机结合。在有氧环境中，光敏剂会展现出其独特的靶向性，能够精准地聚集于目标细胞之上。

当这些光敏剂受到特定波长的光源激发时，它们会迅速进入高能状态，并与附近的细胞质分子碰撞，产生大量的细胞活性氧分子（reactive oxygen species，ROS）[3]。ROS 能够迅速与细胞内的核酸、蛋白质、脂质等重要成分发生反应，并引发细胞毒性作用，最终导致生物体的死亡[6]。由于光动力杀菌的攻击过程在极短时间内完成，且能同时作用于多个微生物靶标，因此不会产生有毒化学物质，也避免了细菌耐药性的产生。这一高效且安全的杀菌机制赋予了光动力杀菌技术广泛的抗菌作用[7]。

如图 5-1 所示，在光动力杀菌过程中，ROS 的生成主要通过两种途径实现。基态光敏剂在吸收特定波长的光能后，会从基态跃迁至单重激发态。随后，处在单重激发态的光敏剂分子一部分通过内转换和荧光衰减释放能量，返回基态；而另一部分分子则通过系间窜越，转变为更为稳定的激发三重态。处在激发三重态的光敏剂分子有两种反应途径。第一种途径，即 I 型反应，涉及光敏剂从周围环境捕获电子，进而形成光敏剂阴离子或底物阳离子。这些带电离子随后与附近的底物反应生成 ROS。值得注意的是，这一过程中光敏剂存在耗尽而无法再生的风险。第二种途径，即 II 型反应，是光敏剂与氧分子直接碰撞的结果。这一碰撞导致单线态氧的形成，而光敏剂在这一过程中则能够再生。在微生物细胞内，I 型和 II 型光动力学反应通常同时发生，但哪一种反应占据主导地位，主要取决于分子氧和光敏剂在细胞内的浓度，这些浓度因生物体种类的不同而有所差异[8]。

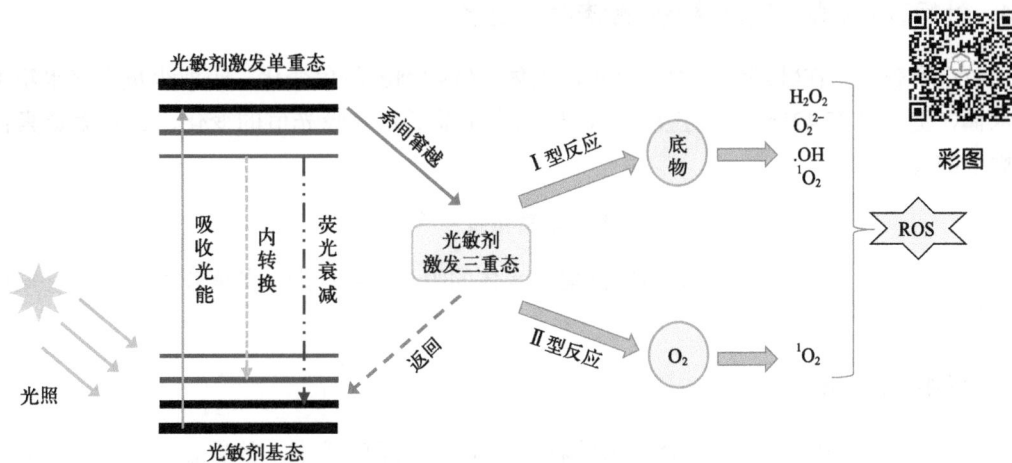

图 5-1　光动力杀菌机制

四、实验器材

1. 仪器与设备

425nm LED 光源、水箱、紫外分光光度计。

2. 材料与试剂

牡蛎、海水素、姜黄素（分子量 368.38）、生理盐水、食品级乙醇。

五、操作步骤

1. 牡蛎样品的预处理

选取个体大小均匀的新鲜牡蛎，用清水洗净外壳，置于人工海水（盐度 3.3%）中暂养 12h。

2. 姜黄素溶液的配制

在黑暗条件下，称取姜黄素粉末溶于食品级乙醇中，得到浓度为 20mmol/L 的姜黄素母液。在对牡蛎样品进行杀菌处理前，使用人工海水将姜黄素母液稀释至 10μmol/L。

3. 牡蛎样品的光动力杀菌处理

将牡蛎样品分为四组：空白对照组（无光照，无姜黄素）、光处理组（有光照，无姜黄素）、光敏剂组（无光照，有姜黄素）和光动力处理组（有光照，有姜黄素）。在黑暗条件下，用添加了 10μmol/L 姜黄素的人工海水浸泡牡蛎 3h（无光敏剂组浸泡于同等体积的人工海水中），其中贝水质量比为 1∶5。之后在黑暗条件下，将光处理组和光动力处理组的牡蛎样品开壳，并在室温下使用激发波长 425nm 的光源光照 20min。

4. 牡蛎富集姜黄素后水体及牡蛎肉颜色变化

观察姜黄素在牡蛎体内生物富集后水体及牡蛎肉的颜色变化。吸取少量暂养水箱中的水体，测定其在 425nm 处的吸光值，根据富集前后水体吸光值的变化，计算姜黄素在牡蛎中的富集量。

$$姜黄素富集量 = \frac{A_0 - A_1}{A_0}$$

式中：A_0 为姜黄素在牡蛎体内富集前水体的吸光值；A_1 为姜黄素在牡蛎体内富集后水体的吸光值。

5. 牡蛎样品的贮藏

将空白对照组和光动力处理组的牡蛎样品置于无菌袋中，放置在 4℃的冰箱中贮藏 3d，用于后续实验。

六、实验结果

将牡蛎样品的姜黄素富集量和外观颜色变化填入表 5-1 中。

表5-1 不同杀菌处理牡蛎的姜黄素富集量和外观颜色

组别	A_0	A_1	姜黄素富集量 /%	牡蛎外观颜色变化
空白对照组				
光处理组				
光敏剂组				
光动力处理组				

七、实验关键点

（1）牡蛎在水箱中暂养时，要保证水面没过牡蛎，并使氧气泵喷头远离牡蛎，以防对其滤食活动等产生不良影响。

（2）将牡蛎开壳时，要注意无菌操作，避免对实验结果造成误差。

（3）姜黄素溶液要现用现配，且要在黑暗条件下进行，避免因姜黄素分解而导致的实验误差。

八、实验讨论与反思

姜黄素富集量越高杀菌效果就越好吗？姜黄素的富集会对牡蛎外观色泽产生不利影响吗？

九、拓展思考

（1）光动力杀菌技术应用于牡蛎等水产品的保鲜和杀菌有什么优势和不足？

（2）牡蛎光动力杀菌效果受什么因素影响？如果提高人工海水中姜黄素的浓度杀菌效果会有明显提升吗？为什么？

实验 5-2　牡蛎菌落总数的测定

一、背景知识

水产品，因其丰富的营养价值和独特的风味，在全球范围内享有极高的商业价值。然而，水产品在捕捞、加工和储存过程中容易受到各种致病菌和腐败菌的污染，这对食品安全构成了严重挑战。常见的污染微生物包括副溶血性弧菌（*Vibrio parahaemolyticus*）、创伤弧菌（*Vibrio vulnificus*）、大肠杆菌（*Escherichia coli*）、荧光假单胞菌、腐败希瓦氏菌（*P. Fluorescens*）和沙门氏菌（*Salmonella* spp.）等，这些微生物的存在不仅影响食品的保质期，还可能引起食源性疾病，如肠胃炎、腹泻、呕吐和败血症等 [9,10]。

牡蛎，作为一种广受欢迎的海产品，其安全性对消费者健康尤为关键。牡蛎中常见的致病性微生物包括自然存在的细菌、人为污染的细菌以及病毒。这些微生物通过牡蛎及其加工产品对人体健康构成潜在威胁。特别是单核细胞增生李斯特氏菌（*Listeria monocytogenes*）和副溶血性弧菌（*Vibrio parahaemolyticus*），它们对特定人群如新生儿、孕妇、中老年人以及免疫系统受损者具有较高的健康风险 [11]。此外，霍乱弧菌（*Vibrio cholerae*）和沙门氏菌（*Salmonella* spp.）等也能引起严重的食源性疾病 [4]。

为了减少水产品中的微生物污染，保障消费者健康，开发了光动力杀菌（PDI）作为一项很有潜力的水产品非热杀菌方式[12]。在PDI技术中，光敏剂的选择、光照条件、氧浓度以及食品基质的特性都是影响杀菌效果的关键因素。通过优化这些参数，可以有效提高PDI技术的杀菌效率，为水产品的安全加工和消费提供了新的解决方案。

二、实验目标

（1）掌握高压灭菌锅的使用原理和使用方法。

（2）掌握培养基的制备、倒平板、涂布及平板计数操作。

三、实验原理

在光动力杀菌领域，杀菌效率受多种因素影响，其复杂性体现在以下几个关键方面：光敏剂的特性、细菌的生长状态以及环境条件的适配性。

首先，光敏剂作为一类能够吸收特定波长的光并将其转化为可用能量的化合物，其分子结构对于杀菌效果至关重要。阳离子型光敏剂因其较高的穿透能力，对革兰氏阴性菌的通透性屏障具有更强的穿透性[12]。此外，脂溶性光敏剂与细菌细胞膜中的脂质层具有较高的亲和力，这有助于提高光动力杀菌的效率[13]。值得注意的是，光敏剂的浓度和光的照射剂量与杀菌效果成正比关系[14]。

其次，细菌的生长状态也对光动力杀菌有显著影响。细菌在浮游状态和生物膜状态下对光动力的抵抗力不同，其中生物膜状态的细菌更难以被光动力杀菌[15]。此外，不同种类的细菌由于细胞屏障的通透性差异，对光动力杀菌的敏感性也有所不同，通透性较高的细菌更容易被杀灭。

最后，环境因素在光动力杀菌过程中扮演着重要角色。例如，氧浓度对光动力反应的影响显著，I型反应不依赖于氧气，而II型反应则在有氧条件下才能进行。因此，氧浓度的高低直接影响杀菌效果。选择与光敏剂吸收光谱相匹配的光源，可以提高杀菌的穿透力。此外，食品基质的物理化学特性，如表面性质和pH值，也会对光动力杀菌的效果产生影响[14]。

综上所述，光动力杀菌效率的优化需要综合考虑光敏剂的选择、细菌的生长状态以及环境条件的调节，以实现最佳的杀菌效果。

四、实验器材

1. 仪器与设备

高压灭菌锅、恒温培养箱。

2. 材料与试剂

酵母浸粉、胰蛋白胨、氯化钠、酒精灯、培养皿、三角瓶、试管、试管架、玻璃涂棒、生理盐水、刀具、封口膜。

五、操作步骤

1. 制备样品

将牡蛎洗净后，置于无菌操作台上，使用灭菌刀具剥去其外壳取肉。在无菌条件下将牡蛎样品进行匀浆，称取 1mL 匀浆后的牡蛎加入到试管中，加入 9mL 无菌生理盐水，用手转动试管并混匀，制成 10^{-1} 稀释液。随后，用 10 倍递增法，在超净台中按照 10 倍梯度稀释，得到 10^{-2}、10^{-3} 稀释液。

2. LB培养基的配制

称取 5.0g 酵母浸粉、10.0g 胰蛋白胨、30.0g 氯化钠，加蒸馏水定容至 1000mL，将 pH 值调至 7.0，分装在三角瓶中，并盖上封口膜。

3. 灭菌

将装有 LB 培养基的三角瓶、玻璃培养皿、试管等在 121℃ 高压灭菌 15min，灭菌结束后转移至超净工作台中。

4. 倒板

取 36 个灭菌培养皿放在超净工作台上，将已经熔化的 45℃ 左右的 LB 培养基依次倾倒在无菌培养皿中。

5. 涂布

设置空白对照为无菌水，用无菌移液枪分别吸取 50μL 稀释液或无菌水加入到 LB 平板表面，用无菌玻璃涂棒均匀涂布于平板表面，每个样品的稀释液做三个平行，并在平板底部做好标记。

6. 培养

将平板倒置于生化培养箱中，于（30±1）℃恒温下培养 48h。

7. 计数

选取菌落数在 30 ～ 300CFU、无蔓延菌落生长的平板进行计数。

若只有 1 个稀释度的平板上菌落数在适宜计数范围内时，按照下式计算菌落总数：

$$N=\frac{C}{n \times v \times d}$$

式中，N 为样品中菌落数，CFU/mL；C 为平板上的菌落数之和，CFU；n 为平板个数；v 为涂布稀释液的体积，0.05mL；d 为稀释因子。

若有 2 个连续稀释度的平板菌落数在适宜计数范围内时，按照下式计算菌落总数：

$$N = \frac{\sum C}{(n_1 + 0.1 n_2) \times v \times d}$$

式中，N 为样品中菌落数，CFU/mL；$\sum C$ 为在适宜计数范围内平板的菌落数之和，CFU；n_1 为第一稀释度（低稀释倍数）平板个数；n_2 为第二稀释度（高稀释倍数）平板个数；v 为涂布稀释液的体积，0.05mL；d 为第一稀释度的稀释因子。

8. 灭活率计算

$$灭活率 = \frac{N_0 - N}{N_0}$$

式中，N_0 为空白对照组的菌落总数，CFU/mL；N 为其他实验组的菌落总数，CFU/mL。

六、实验结果

肉眼观察菌落形态，数出菌落数量，并计算灭菌率，填入到表5-2 中。

表5-2　不同杀菌处理牡蛎的菌落总数

组别	稀释梯度	菌落总数 /（CFU/mL）	灭活率 /%
空白对照组	10^{-1}		
	10^{-2}		
	10^{-3}		
光处理组	10^{-1}		
	10^{-2}		
	10^{-3}		
光敏剂组	10^{-1}		
	10^{-2}		
	10^{-3}		
光动力处理组	10^{-1}		
	10^{-2}		
	10^{-3}		

七、实验关键点

（1）在使用高压灭菌锅之前，注意检查锅内的蒸馏水量是否充足，如不够需及时补充蒸馏水。

（2）涂布过程中，用酒精灯烧过的玻璃涂棒需放凉后再用于涂布，以免将稀释液中的菌杀死。

（3）样品进行稀释前一定要混匀，确保每次取出的样品中的菌数相差不大，否则影响实验结果。

（4）倒板时培养基温度不宜过高，否则冷却后平板会产生大量冷凝水。

八、实验讨论与反思

（1）为什么每个样品要设置三个不同的稀释倍数去涂布？

（2）光敏剂组是否具有杀菌效果？如果有杀菌效果，原理是什么？

（3）LB 培养基中氯化钠的作用是什么？

九、拓展思考

（1）如果想进一步优化光动力杀菌效率，还可以调节哪些因素？请举例。

（2）LB 培养基分为固体培养基和液体培养基，二者有什么区别？各自的用途是什么？

实验 5-3　牡蛎的感官评价

一、背景知识

感官评价是一种评估食品感官属性的方法，它通过运用人类的视觉、听觉、味觉、嗅觉和触觉等感官器官，在标准化的条件下对食品的外观、风味、质地等特性进行系统分析[16]。该评价技术在食品行业的生产、加工和销售等各个环节发挥着关键作用，在食品的创新研发和质量控制过程中扮演着至关重要的角色。感官评价能够快速提供关于食品新鲜度的反馈信息，但这一过程需要由经过专业培训的评估小组来执行。目前，我国水产品的感官评价主要遵循 GB 2733—2015，对产品的色泽、气味和状态等感官属性进行综合评定。美国等一些国家通常采用质量指标法（quality index method, QIM）对水产品进行感官评价[17]。这种方法不仅能够全面评估感官指标，还能够对不同感官因素间的差异进行客观分析[18]。然而，由于感官评价本身存在一定的局限性和主观性，因此在实际评价过程中，往往需要将其与其他类型的指标检测相结合，以提高评价的准确性和可靠性。

新鲜牡蛎和不太新鲜的牡蛎在感官特性上有明显的区别。新鲜牡蛎的外壳应该干净、无裂缝且有光泽，内肉呈现乳白色或淡灰色，边缘清晰，具有清新的海水味或轻微咸味，肉质紧实且有弹性，伴随少量清澈的黏液。相比之下，不太新鲜的牡蛎可能外壳暗淡、有污垢，内肉颜色不均、偏黄，气味中带有强烈的鱼腥味或其他异味，肉质软烂、缺乏弹性，黏液量多且可能浑浊[2,19,20]。这些感官差异是判断牡蛎新鲜度的重要依据，食用前应仔细检查以确保安全和风味。

二、实验目标

（1）掌握感官评分的评分依据与标准。

（2）加深对食品感官检验理论的理解。

三、实验原理

新鲜牡蛎与不新鲜牡蛎之间的感官特性差异主要源于微生物活动、酶促反应和化学分解过程。在牡蛎死亡后，原本平衡的微生物群落开始失衡，尤其是细菌大量繁殖，导致肉质软化、黏液增多，并产生异味[21]。此外，牡蛎体内的酶开始分解蛋白质、脂肪和碳水化合物，产生有机酸和胺类物质，这些化合物化合物具有一定的挥发性和刺激性，且其阈值往往较低，对牡蛎的气味和口感有较大的影响[22]。随着时间推移，氧化作用和微生物的代谢活动还会导致肉色变暗和出现色斑，以及肉质结构的松弛。新鲜牡蛎的肉色、气味、质地和黏液特性是由其健康状态下的生理平衡所维持的，而不新鲜的牡蛎则因上述生物化学变化而表现出不同的感官特性。这些原理是食品科学中评估和确保水产品新鲜度的重要基础，对于食品安全和质量控制具有实际应用价值。

四、实验器材

实验 5-1 中经过处理后 3d 的牡蛎样品。

五、操作步骤

从牡蛎的气味、肉体色泽、黏液外观、组织、外套膜、腮丝和贝壳肌 7 个方面制定牡蛎的感官评定标准，分别进行打分。感官评定小组由 6～10 个人组成，分数为 0～21 分，超过 12 分认为牡蛎已经腐败变质。实验重复 3 次。实验结果为 3 次实验的平均值。牡蛎感官评定标准如表 5-3 所示。

表5-3　牡蛎感官评分表

指标	0 分	1 分	2 分	3 分
气味	甘草香	强烈的海藻味	轻微的腐败酸	讨厌的腐败酸
肉体色泽	乳白色	白色	米黄或茶色	黄色或淡褐色
黏液外观	澄清，光亮	澄清，有点暗	澄清，色较暗	浑浊发暗
组织	结实，弹性好	发软，弹性降低	微显糊状	糊状
外套膜	深褐色，黑色	有点褪色	褪色加重	褪色严重
腮丝	腮丝清晰可见	腮丝不够清楚	腮丝不清楚	分不出腮丝
贝壳肌	半透明，苍白色	半透明，灰白色	部分透明，淡灰色	白色不透明

六、实验结果

汇总并计算牡蛎的感官评分结果，填入表5-4中。

表5-4　不同杀菌处理的牡蛎感官评分结果

单位：分

组别	气味	肉体色泽	黏液外观	组织	外套膜	腮丝	贝壳肌	总分
空白对照组								
光处理组								
光敏剂组								
光动力处理组								

七、实验关键点

（1）食品气味检验的顺序应当是先识别气味淡的，后检验气味浓的，以免影响嗅觉的灵敏度。

（2）视觉检验应在白昼的散射光线下进行，以免灯光隐色发生错觉。

八、实验讨论与反思

光敏剂组和光动力处理组中牡蛎的色泽是否会受姜黄素的影响而呈现黄色？如果是，这对我们的感官评分结果又怎样的影响？应该如何避免这种影响？

九、拓展思考

（1）感官评分本身存在一定的局限性和主观性，在实际评价过程中还可以结合什么指标以综合评价牡蛎的感官特性？

（2）感官评分的标准还有很多种类，例如9分制评分法、平衡评分法、5分制评分法、10分制评分法、100分制评分法，请任选一种重新设计一个牡蛎感官评分表。

实验 5-4　牡蛎的色泽和 pH 评价

一、背景知识

牡蛎含有多种类胡萝卜素，具有结构多样性，其中许多可衍生为 β-胡萝卜素、岩藻黄素、过硫黄素、二硅氧黄素、异黄质和虾青素等 [23,24]。牡蛎自身不能合成类胡萝卜素，一般通过从食物微藻中积累类胡萝卜素，并通过代谢反应对其进行修饰。这些类胡萝卜素会使牡蛎的软体部分呈现较为鲜艳的颜色，从而影响牡蛎的质量、接受度、口感、风味以及消费者的购买欲望 [23,25]。新鲜牡蛎因其特有的淡黄或乳白色色泽和 pH 值介于 6.5 至 7.5，展现出高品质状态 [26,27]。然而，随着储存时间延长，色泽可能逐渐变暗，pH 值也可能因微生物活动和代谢产物积累而发生漂移。因此，这些特性不仅可以反映牡蛎的新鲜度，还是其品质评价的重要指标。

二、实验目标

（1）掌握色度计的操作使用。

（2）理解在贮藏过程中牡蛎色泽和 pH 变化的原理。

三、实验原理

牡蛎肉在储存期间色泽变化的具体机制涉及多个生化过程。首先，牡蛎在细菌和自身酶的作用下容易发生组织崩溃，导致其含有的类胡萝卜素从蛋白复合体中渗出，使得牡蛎呈现黄色。此外，牡蛎肉中的多酚氧化酶等酶类在有氧环境下催化酚类物质氧化，引起色泽变暗。

牡蛎肉中含有较多的糖原和三磷酸腺苷（ATP），在贮藏初期，这些物质逐渐被降解为乳酸和磷酸等酸性物质，从而导致牡蛎肉 pH 值的降低。随着贮藏时间增加，微生物大量繁殖，牡蛎肉中的蛋白质被逐渐分解，生成氨、三甲胺、组胺等碱性物质，pH 值又会上升 [21]。

四、实验器材

1. 样品

实验 5-1 中经过处理后 0d 和 3d 的牡蛎样品。

2. 器材

色差仪、pH 计、离心机、滤纸。

五、操作步骤

1. 牡蛎的色差测量

每组 6 只牡蛎，用滤纸除去牡蛎表面的水分后，采用色差仪测定牡蛎样品的亮度

（$L*$）、红绿度（$\pm a*$）和黄蓝度（$\pm b*$），测试前使用标准白板校正色差仪（$L* = 91.86$, $a* = 0.88$, $b* = 1.42$）。

2. 牡蛎的pH测量

将牡蛎样品放入斩拌机中打碎，随后准确称取 5g 打碎的牡蛎肉，加入新煮沸后冷却后的水至 50mL 并混匀。在常温下浸渍 30min 后在 4℃，8000r/min 下离心 10min，使用 pH 计测定上清液的 pH。

六、实验结果

将牡蛎样品的颜色色泽指标和 pH 填入表 5-5 中。

表5-5　不同杀菌处理牡蛎的色泽指标和pH值

组别	天数 /d	$L*$	$a*$	$b*$	pH
空白对照组	0				
	3				
光动力处理组	0				
	3				

七、实验关键点

（1）pH 计在使用前应进行校准，以确保测量结果的准确性。

（2）使用前应检查 pH 计电极的球泡是否透明无裂纹，并确保球泡内充满溶液，无气泡存在。测量后应清洗电极，避免被测液粘附在电极上。

（3）不使用时，pH 计电极应浸泡在保护液中。

八、实验讨论与反思

（1）牡蛎在贮藏过程中的 pH 在贮藏初期下降，后期开始上升，那么如何根据牡蛎在某一时期的 pH 推测牡蛎在这一时期内部的反应？还可以结合什么指标使判断更加准确？

（2）在牡蛎的 pH 测量中，为什么要使用新煮沸后冷却的水？如果不使用，实验结果的 pH 会偏大还是偏小？

九、拓展思考

为了保持牡蛎的色泽和 pH 值，维持牡蛎的品质，还可以采用什么方法？

实验 5-5　牡蛎的脂肪氧化分析

一、背景知识

牡蛎肉质中富含脂肪，这些脂肪在贮藏过程中容易遭受氧化和水解的影响[28]。脂肪水解过程通常由脂肪水解酶和磷脂水解酶催化，这两种酶在牡蛎的贮藏期间活跃，促进脂肪分解成游离脂肪酸。游离脂肪酸在空气中的稳定性较差，容易与氧气发生反应，进一步转化为醛、醇和酸等挥发性有机化合物。这些化合物具有特定的不愉快气味，导致牡蛎品质显著降低[9,20,29]。目前，市场上销售的牡蛎主要为开壳牡蛎，由于失去了外壳的保护，开壳牡蛎很容易遭受物理性损伤，如破肚、黄变等。开壳牡蛎也易受到微生物侵袭，使牡蛎内部脂肪的氧化过程加快，进而导致牡蛎品质的快速下降[30]。此外，牡蛎的贮藏不当可能会导致霉菌的繁殖，产生脂肪水解酶和脂肪氧化酶，促使牡蛎中的脂肪进一步水解与氧化。

二、实验目标

（1）掌握硫代巴比妥酸（thiobarbituric acid, TBA）法测定脂肪氧化的操作和原理。
（2）理解牡蛎在贮藏过程中 TBA 值改变的原理。

三、实验原理

TBA 法是确定次级氧化产物含量最常用的方法之一，其核心原理在于脂质过氧化产物丙二醛（malondialdehyde, MDA）与 TBA 在酸性环境和热处理条件下的反应[31]。MDA 的羰基与 TBA 的硫氢基发生亲核加成反应，产生粉红色的 TBA-MDA 加合物[32]。该加合物在 532nm 波长下具有最大吸光度，其吸光度与 MDA 的初始浓度成正比，为 MDA 的定量提供了准确依据。通过测定加合物的吸光度，结合预先构建的标准曲线，可以准确计算出样本中的 MDA 含量。标准曲线的建立涉及一系列已知浓度的 MDA 标准溶液与 TBA 反应后吸光度的测定，确保了分析结果的准确性和可重复性。MDA 含量的测定结果通常以 mg MDA/kg 样品的形式表示，为评估样品的氧化状态、新鲜度和可能的腐败程度提供了一个量化指标。

四、实验器材

1. 仪器与设备

搅拌机、水浴锅、分光光度计、离心机。

2. 材料与试剂

第一节中空白对照组和光动力处理组 0d 和 3d 的牡蛎样品、三氯乙酸、乙二胺四乙酸（0.1%）、硫代巴比妥酸（0.02mol/L）、1,1,3,3- 四乙氧基丙烷、100mL 容量瓶、10mL 容量瓶、移液枪、具塞玻璃瓶、量筒、玻璃棒、烧杯。

五、操作步骤

1. 三氯乙酸提取液的配制

量取 15mL 三氯乙酸，加入到 185mL 水中，混合均匀后得到质量分数为 7.5% 的三氯乙酸。称取 0.2g 乙二胺四乙酸（ethylenediaminetetraacetic acid，EDTA）加入到三氯乙酸溶液中，完全溶解后得到三氯乙酸提取液。

2. TBA值的测定

将牡蛎肉用无菌去离子水洗净后，滤干水分，放入搅拌机中打碎。准确称取打碎的牡蛎肉 2.5g，加入 25mL 质量分数为 7.5% 的三氯乙酸提取液，充分振荡后浸渍 30min。随后将混合液在 4℃条件以 8000r/min 的转速离心 10min。用移液枪吸取 5mL 上清液，与 5mL 浓度为 0.02mol/L 的硫代巴比妥酸水溶液混合，加入具塞玻璃瓶中。将装有混合溶液的具塞玻璃瓶置于 90℃水浴锅中孵育 30min，取出后置于冰水中冷却。待冷却至室温后，在波长 532nm 下测定其吸光值。同时以 1mL 去离子水与 1mL TBA 水溶液混合溶液作为空白对照。每组设置 3 个平行，实验结果用平均值 ± 标准差来表示。根据标准曲线计算出样本中 MDA 的含量；TBA 值用 MDA 的质量分数表示，单位为 mg MDA/kg 样品。

3. 标准曲线的测定

精确称量 0.0315g 的 1,1,3,3- 四乙氧基丙烷，将其溶解在小体积的去离子水中，随后用容量瓶定容至 100mL，得到质量浓度为 100μg/mL 的 MDA 母液。用移液枪吸取 5mL MDA 母液，与 45mL 去离子水混合，稀释至 50mL，得到质量浓度为 10μg/mL 的 MDA 标准使用液。随后分别取 0、0.2、0.4、0.6、0.8、1.0、1.2mL MDA 标准使用液，以三氯乙酸提取液定容至 10mL，得到质量浓度为 0、0.2、0.4、0.6、0.8、1.0、1.2μg/mL 的标准溶液用于标准曲线测定。使用紫外 - 可见分光光度计，在 532nm 的波长下测定每个标准溶液的吸光度。以 MDA 的浓度为横坐标（X 轴），吸光度为纵坐标（Y 轴），在坐标图上绘制吸光度与 MDA 浓度的关系，得到标准曲线。通过线性回归分析，得到标准曲线的斜率、截距和相关系数（R^2）。

六、实验结果

计算出标准曲线的公式，并将实验结果填入表 5-6 中。

表5-6　不同杀菌处理的牡蛎TBA值

组别	天数 /d	吸光值	TBA 值 /(mg MDA/kg 样品)
空白对照组	0		
	3		
光动力处理组	0		
	3		

七、实验关键点

（1）在水浴锅中加热时，水浴锅的液面要高于具塞玻璃试管中的液面。

（2）向容量瓶中转移液体时应注意用玻璃棒引流，玻璃棒底端应抵在容量瓶刻度线下方；烧杯和玻璃棒应洗涤 2 ～ 3 次，洗涤液也要转移到容量瓶中。

（3）定容时应注意用胶头滴管悬空滴入，目光平视，凹液面最低点与刻度线相切时停止滴加。

八、实验讨论与反思

（1）标准曲线的回归性如何？若不好，请分析具体原因。

（2）TBA 是特异性与丙二醛反应吗？如果不是，其他醛类是否会对实验结果造成偏差？应该如何降低这种偏差对评价油脂氧化造成的影响？

九、拓展思考

（1）TBA 值的变化表示脂质氧化有什么局限性？还有哪些指标可以评价脂质氧化程度？

（2）还可以通过什么方式控制牡蛎在贮藏过程中脂质的氧化过程？请举例并说明原因。

实验 5-6　牡蛎的蛋白氧化分析

一、背景知识

在贮藏期间，受内源性蛋白酶和微生物胞外酶的影响，牡蛎内部蛋白质逐渐经历酶促降解，生成游离氨基酸、多肽以及挥发性含氮化合物[22]。总挥发性盐基氮（TVB-N）主要来源于氨以及胺类等挥发性含氮物质。通过检测 TVB-N 的含量，能直观地反映出牡蛎的蛋白质氧化程度。在储存的早期阶段，TVB-N 的浓度相对较低，但随着时间推移，这一指标呈现逐步上升趋势。特别是在储存的后期，微生物的代谢活动显著增强，加速了氨基酸的脱氨基反应，导致 TVB-N 的积累速度加快。此外，储存过程中还可能产生非挥发性含氮化合物，微生物利用这些分解产物作为营养源，进行大量繁殖，并产生胺类物质，这些胺类物质进一步分解为三甲胺[9]。因此，三甲胺的浓度是评估牡蛎新鲜度的重要依据。TVB-N 作为评估牡蛎新鲜度的一个关键化学参数，其水平的升高反映了微生物活动和内源性酶作用下含氮化合物的降解程度。当水产品的 TVB-N 值超过 30mg/100g 时，通常被视为腐败的指标，表明产品不宜食用。

二、实验目标

（1）掌握凯氏定氮仪的测定原理和使用方法。
（2）理解牡蛎在贮藏过程中挥发性盐基氮含量变化的原因。

三、实验原理

凯氏定氮法是一种测定有机物质中总氮含量的经典化学分析技术。该方法的核心原理是将样品中的有机氮化合物在酸性条件下通过消化转化为硫酸铵，随后在碱性环境下将硫酸铵分解释放出氨气。释放的氨气通过硼酸溶液捕集形成硼酸铵，再通过酸化将硼酸铵转化为氨气，最后使用标准酸溶液对氨气进行滴定，从而确定样品中的总氮含量[33-35]。在操作过程中，首先将样品与浓硫酸和催化剂混合，通过加热消化将有机氮转化为硫酸铵。接着，向消化后的溶液中加入强碱，使硫酸铵分解生成氨气。氨气被导入含有硼酸的接收瓶中，与硼酸反应生成硼酸铵，实现氨气的定量捕集。随后，通过酸化硼酸铵释放出氨气，并使用标准酸溶液（硫酸或盐酸标准滴定液）进行滴定，根据滴定消耗的体积计算出样品中的氨含量，进而推算出总氮含量[36,37]。

凯氏定氮法虽然操作简便、成本较低，但存在一定的局限性，如无法区分不同类型的氮，且对样品的前处理要求较高。此外，由于涉及到强酸和高温操作，实验过程中需要采取适当的安全措施。尽管如此，凯氏定氮法在食品、饲料、土壤等领域的氮含量测定中仍然具有重要的应用价值。

四、实验器材

1. 仪器与设备

全自动凯氏定氮仪、搅拌机。

2. 材料与试剂

氧化镁、20g/L 硼酸溶液、0.0100mol/L 盐酸标准溶液、1g/L 甲基红 - 乙醇溶液、1g/L 溴甲酚绿 - 乙醇溶液、95% 乙醇、具塞锥形瓶、移液管、消化管。

五、操作步骤

1. 样品的前处理

将牡蛎肉用无菌去离子水洗净后，滤干水分，放入搅拌机中打碎。准确称取打碎的牡蛎肉 20g（精确至 0.001g），放入 250mL 具塞锥形瓶中，同时加入 100.0mL 去离子水，充分振摇，使得样品在水溶液中分散均匀，随后浸泡 30min 后过滤。

2. 试样蒸馏、吸收

使用移液管准确移取 10.00mL 滤液加入消化管内，加入 1.0g 氧化镁后开始蒸馏测试。凯氏定氮仪参数设置参见表 5-7。

表5-7　凯氏定氮仪参数设置

参数	数值
蒸馏时间 /min	7
硼酸 /mL	25
稀释水 /mL	0
碱 /mL	0
滴定酸浓度 /(mol/L)	0.09950

3. 滴定

将蒸馏得到的样品与混合指示剂混合，随后进行盐酸滴定。在滴定过程中，观察到溶液颜色从蓝色变为淡红色，并保持这种颜色 30s 不褪色。将溶液加热至沸腾，并维持沸腾状态 2min，然后让其冷却并继续滴定，直到溶液再次从蓝色变为淡红色，并保持 30s 不褪色，此为滴定终点。

4. 挥发性盐基氮含量的计算

样品中挥发性盐基氮的含量按照如下公式计算：

$$X = \frac{(V_1 - V_2) \times C \times M}{m} \times 100 \times 10$$

式中，X 代表牡蛎样品中挥发性盐基氮的含量，mg/100g；V_1 为试液在测定过程中消耗盐酸标准溶液的体积，mL；V_2 为试剂空白在测定过程中消耗盐酸标准溶液的体积，mL；C 为盐酸标准滴定溶液的浓度，mol/L；M 为氮的摩尔质量，14g/mol；m 为牡蛎样品的称量质量，g；10 为样品到测试体积之间的稀释倍数；100 为换算系数。

六、实验结果

将实验结果填入表 5-8 中，并计算不同杀菌处理的牡蛎 TBV-N 值。

表5-8 不同杀菌处理的牡蛎TBV-N值

组别	天数 /d	m/g	V_1/mL	V_2/mL	X/(mg/100g)
空白对照组	0				
	3				
光动力处理组	0				
	3				

七、实验关键点

（1）所用的试剂溶液应用无氨蒸馏水配制。

（2）样品称量放入凯氏烧瓶时，切勿使样品黏附在瓶颈部，避免样品未消化完全而造成氮损失。

（3）在蒸馏时反应室与外界存在的压力差，可将氨随水蒸气带出。因此，蒸馏时要保证蒸汽均匀、充足，中间不能停止加热，防止发生倒吸。

八、实验讨论与反思

（1）为什么混合指示剂需要临用时再混合？

（2）蒸馏仪器的检漏应如何操作？

（3）滴定时如果消耗了很多盐酸溶液，能否换浓度更高的盐酸溶液滴定？

九、拓展思考

（1）凯氏定氮的结果可能会受什么因素影响而导致误差？请列举并说明如何避免这些误差。

（2）TVB-N 含量与牡蛎的其他品质指标（如菌落数量、pH 值、色泽等）之间存在怎样的相关性？

（3）还可以通过什么方式控制牡蛎在贮藏过程中蛋白的氧化过程？传统的脂质抗氧化策略适用于牡蛎等水产品吗？为什么？

（4）通过抑制脂质氧化可以抑制蛋白氧化吗？为什么？

参考文献

[1] Lu N, Wang Z, Zhang X, et al. Effects of curcumin-based photodynamic method on protein degradation of oysters[J]. International Journal of Food Science & Technology, 2021, 56(8): 4050-4061.

[2] Chen B, Huang J, Liu Y, et al. Effects of the curcumin-mediated photodynamic inactivation on the quality of cooked oysters with *Vibrio parahaemolyticus* during storage at different temperature[J]. International Journal of Food Microbiology, 2021, 345: 109152.

[3] Hamblin M R. Antimicrobial photodynamic inactivation: A bright new technique to kill resistant microbes[J]. Current Opinion in Microbiology, 2016, 33: 67-73.

[4] Lin Y, Hu J, Li S, et al. Curcumin-based photodynamic sterilization for preservation of fresh-cut hami melon[J]. Molecules, 2019, 24(13): 2374.

[5] Lai D, Zhou A, Tan B K, et al. Preparation and photodynamic bactericidal effects of curcumin-β-cyclodextrin complex[J]. Food Chemistry, 2021, 361: 130117.

[6] Luksiene Z, Brovko L. Antibacterial photosensitization-based treatment for food safety[J]. Food Engineering Reviews, 2013, 5(4): 185-199.

[7] Bartolomeu M, Rocha S, CunhaÂ, et al. Effect of photodynamic therapy on the virulence factors of staphylococcus aureus[J]. Frontiers in Microbiology, 2016, 7.

[8] Ghate V S, Zhou W, Yuk H-G. Perspectives and trends in the application of photodynamic inactivation for microbiological food safety[J]. Comprehensive Reviews in Food Science and Food Safety, 2019, 18(2): 402-424.

[9] Guedes B, Godinho O, Lage O M, et al. Microbiological quality, antibiotic resistant bacteria and relevant resistance genes in ready-to-eat Pacific oysters (*Magallana gigas*)[J]. FEMS Microbiology Letters, 2023, 370: fnad053.

[10] Mudadu A G, Spanu C, Pantoja J C F, et al. Association between *Escherichia coli* and *Salmonella* spp. food safety criteria in live bivalve molluscs from wholesale and retail markets[J]. Food Control, 2022, 137: 108942.

[11] Zhang J, Zheng P, Li J, et al. Curcumin-mediated sono-photodynamic treatment inactivates listeria monocytogenes via ROS-induced physical disruption and oxidative damage[J]. Foods, 2022, 11(6): 808.

[12] George S, Hamblin M R, Kishen A. Uptake pathways of anionic and cationic photosensitizers into bacteria[J]. Photochemical & Photobiological Sciences, 2009, 8(6): 788-795.

[13] Lazzeri D, Rovera M, Pascual L, et al. Photodynamic studies and photoinactivation of *Escherichia coli* using meso-substituted cationic porphyrin derivatives with asymmetric charge distribution[J]. Photochemistry and Photobiology, 2004, 80(2): 286-293.

[14] 熊晓辉，孔佳仪，张帅，等 . 光敏剂介导光动力杀菌在食品中应用的研究进展 [J]. 食品与发酵工业 , 2021, 47(22): 309-318.

[15] Donnelly R F, Cassidy C M, Loughlin R G, et al. Delivery of Methylene Blue and meso-tetra (*N*-methyl-4-pyridyl) porphine tetra tosylate from cross-linked poly(vinyl alcohol) hydrogels: A potential means of photodynamic therapy of infected wounds[J]. Journal of Photochemistry and Photobiology B: Biology, 2009, 96(3): 223-231.

[16] Drake M A, Watson M E, Liu Y. Sensory analysis and consumer preference: Best practices[J]. Annual Review of Food Science and Technology, 2023, 14: 427-448.

[17] Sykes A V, Oliveira A R, Domingues P M, et al. Assessment of European cuttlefish (*Sepia officinalis*, L.) nutritional value and freshness under ice storage using a developed Quality Index Method (QIM) and biochemical methods[J]. LWT - Food Science and Technology, 2009, 42(1): 424-432.

[18] Sant'Ana L S, Soares S, Vaz-Pires P. Development of a quality index method (QIM) sensory scheme and study of shelf-life of ice-stored blackspot seabream (*Pagellus bogaraveo*)[J]. LWT - Food Science and Technology, 2011, 44(10): 2253-2259.

[19] Mudadu A G, Spanu C, Pantoja J C F, et al. Association between *Escherichia coli* and *Salmonella* spp. food safety criteria in live bivalve molluscs from wholesale and retail markets[J]. Food Control, 2022, 137: 108942.

[20] Wang D, Zhou F, Lai D, et al. Curcumin-mediated sono/photodynamic treatment preserved the quality of shrimp surimi and influenced its microbial community changes during refrigerated storage[J]. Ultrasonics Sonochemistry, 2021, 78: 105715.

[21] Liu F, Li Z, Cao B, et al. The effect of a novel photodynamic activation method mediated by curcumin on oyster shelf life and quality[J]. Food Research International, 2016, 87: 204-210.

[22] Zhang X, Lu N, Li Z, et al. Effects of curcumin-mediated photodynamic treatment on lipid degradation of oysters during refrigerated storage[J]. Journal of the Science of Food and Agriculture, 2022, 102(5): 1978-1986.

[23] Maoka T. Recent progress in structural studies of carotenoids in animals and plants[J]. Archives of Biochemistry and Biophysics, 2009, 483(2): 191-195.

[24] Maoka T. Carotenoids in marine animals[J]. Marine Drugs, Molecular Diversity Preservation International, 2011, 9(2): 278-293.

[25] Li N, Hu J, Wang S, et al. Isolation and identification of the main carotenoid pigment from the rare orange muscle of the Yesso scallop[J]. Food Chemistry, 2010, 118(3): 616-619.

[26] Wheaton F. Review of the properties of Eastern oysters, *Crassostrea virginica*[J]. Aquacultural Engineering, 2007, 37(1): 3-13.

[27] Venugopal V, Gopakumar K. Shellfish: Nutritive Value, Health Benefits, and Consumer Safety[J]. Comprehensive Reviews in Food Science and Food Safety, 2017, 16(6): 1219-1242.

[28] van Houcke J, Medina I, Linssen J, et al. Biochemical and volatile organic compound profile of European flat oyster (*Ostrea edulis*) and Pacific cupped oyster (*Crassostrea gigas*) cultivated in the Eastern Scheldt and Lake Grevelingen, the Netherlands[J]. Food Control, 2016, 68: 200-207.

[29] 赵峰，袁超，刘远平，等 . 超高压处理对牡蛎 (*Crassostrea gigas*) 杀菌及贮藏品质的影响 [J]. 渔业科学进展 , 2016, 37(5): 157-161.

[30] Min Y, Dong S, Su M, et al. Physicochemical, microbiological and sensory quality changes of tissues from Pacific oyster (*Crassostrea gigas*) during chilled storage[J]. Journal of Food Science and Technology, 2020, 57(7): 2452-2460.

[31] Tan M, Li P, Yu W, et al. Effects of glazing with preservatives on the quality changes of squid during frozen storage[J]. Applied Sciences, 2019, 9(18): 3847.

[32] 刘楠，崔柯鑫，孙永，等 . 食品中脂肪氧化产生的活泼羰基化合物研究进展 [J]. 食品工业科技 , 2022, 43(17): 466-473.

[33] Sáez-Plaza P, Michałowski T, Navas M J, et al. An overview of the Kjeldahl method of nitrogen determination. Part I. Early history, chemistry of the procedure, and titrimetric finish[J]. Critical Reviews in Analytical Chemistry, 2013, 43(4): 178-223.

[34] Mæhre H K, Dalheim L, Edvinsen G K, et al. Protein determination—Method Matters[J]. Foods, Multidisciplinary Digital Publishing Institute, 2018, 7(1): 5.

[35] Hayes M. Measuring protein content in food: An overview of methods[J]. Foods, 2020, 9(10): 1340.

[36] Vinklárková B, Chromý V, Šprongl L, et al. The kjeldahl method as a primary reference procedure for total protein in certified reference materials used in clinical chemistry. II. Selection of direct Kjeldahl analysis and its preliminary performance parameters[J]. Critical Reviews in Analytical Chemistry, 2015, 45(2): 112-118.

[37] Sáez-Plaza P, Navas M J, Wybraniec S, et al. An overview of the Kjeldahl method of nitrogen determination. Part II. Sample preparation, working scale, instrumental finish, and quality control[J]. Critical Reviews in Analytical Chemistry, 2013, 43(4): 224-272.

实验6

生鲜制品保鲜效果分析与评价——以可食性薄膜为例

实验 6-1　海藻酸钠基可食性薄膜的制备

一、背景知识

在过去的几十年里，塑料制品因其价格低廉、重量轻、结实、方便等优点成为食品包装的常用材料。然而，塑料包装的大量使用会对自然环境和人类健康造成不良影响。据统计，全球每年产生超过 3.5 亿吨的塑料垃圾，其中约 60% 未经任何处理就被丢弃在垃圾填埋场或自然环境中，造成了严重的环境污染问题 [1]。塑料包装材料在机械力、化学反应、暴露在阳光下等情况下，会产生大量的微塑料颗粒，对人体造成炎症反应、内分泌干扰、细胞损伤等不利影响 [2]。此外，塑料包装中存在的化学物质，如邻苯二甲酸酯、双酚 A、多氯联苯等，在与食品接触的过程中会迁移到食品内部，严重影响人体健康 [3]。因此，开发具有优异可再生性、可生物降解性和安全性的新型包装材料已成为当前科研领域备受瞩目的热点议题。

近年来，生物聚合物材料制备的薄膜被广泛用于食品包装，如草莓、芒果、牛肉、鱼肉等。与塑料包装相比，生物聚合物基薄膜具有更优越的理化性能、阻隔性能和可生物降解性，不仅可以更有效地防止水和油脂扩散到食物表面，还能选择性地进行气体交换，更大限度地保留食物的营养成分、质地和口感 [4]。此外，生物聚合物还具有可再生性和可生物降解性，可以从可再生资源或工业副产品中获得，并在土壤中被彻底分解，降低了不可再生石油资源的使用量，改善了塑料垃圾造成的环境污染问题 [5]。多糖和蛋白质具有优越的可食用性、成膜性以及其他功能特性（如抗氧化性和抗菌性），被视为食品包装薄膜研究和应用领域的热门材料。然而，单一组分的生物聚合物基薄膜存在一些缺点，如多糖基薄膜的耐水性和柔韧性较差，蛋白质基薄膜的机械强度较低 [6]。因此，将不同生物聚合物共混是生产具有协同改善性能（如透气性、阻水性、机械强度等）的多元复合薄膜的可行策略。

海藻酸钠是从褐海藻或马尾藻中提取的天然阴离子多糖，由甘露糖醛酸和古罗糖醛酸组成，具有优异的水溶性、黏附性、成膜性和抗菌性 [7]。海藻酸钠基薄膜具有卓越的气体选择透过性，能够形成低氧气、高二氧化碳的贮藏环境，显著延缓了食品的氧化，进而实现了高效保鲜。但在机械性能和阻隔性能方面，单一组分的海藻酸钠基薄膜存在质脆、易碎、易水解等缺陷，限制了其在食品包装领域的应用 [8]。因此，大量研究聚焦于将海藻酸钠与其他成分复合，并添加增塑剂来对海藻酸钠基薄膜进行改性处理。鱼皮明胶作为一种价格低廉、天然无毒、可绿色降解、具有良好生物相容性的成膜材料，与海藻酸钠混合可以较好地改善海藻酸钠基薄膜的机械性能和阻水性能 [9]。甘油作为可食性薄膜中广泛使用的增塑剂，可以与成膜材料结合，降低聚合物基团之间以及聚合物链分子间的摩擦力，从而使薄膜变得更柔软且富有弹性[10]。

　　薄膜的制备方法包括溶液流延法、静电纺丝法、涂层法、3D 打印法、微胶囊技术等。溶液流延法是制备可食性薄膜最常用的方法，其特点是生产速度快、产量高，适用于大规模工业生产。本实验选用海藻酸钠作为成膜基料，添加共混物鱼皮明胶和增塑剂甘油，对海藻酸钠基薄膜进行改性，探究不同成膜液对海藻酸钠基复合薄膜成膜性能的影响。

二、实验目标

　　（1）了解海藻酸钠、鱼皮明胶等可食性材料的成膜性。
　　（2）掌握薄膜的制备方法及原理。
　　（3）理解可食性薄膜在食品包装中的价值和意义。

三、实验原理

　　海藻酸钠作为一种天然阴离子多糖，由 β-D- 甘露糖醛酸（M 段）和 α-L- 古洛糖醛酸（G 段）以 α-1, 4- 糖苷键连接而成[7]。海藻酸钠基薄膜的成膜机理主要与离子交联有关[11]。海藻酸钠具有羟基和羧酸盐等官能团，易与金属离子（如 Ca^{2+}、Mg^{2+}、Zn^{2+} 等）发生交联反应，促进海藻酸钠的 M 段和 G 段发生缔合。将离子交联剂（$CaCl_2$）加入到海藻酸钠水溶液中，海藻酸钠 G 段上的 Na^+ 与溶液中的 Ca^{2+} 发生离子交换，G 段相互缠绕形成三维网络结构。此外，海藻酸钠成膜液在流延干燥过程中失去水分子，破坏了海藻酸钠的羧基与水分子之间形成的氢键，使海藻酸钠分子间的疏水作用和缠结程度增强，从而形成紧密的海藻酸钠基薄膜[12]。

　　海藻酸钠优良的成膜性和抗菌性使其成为制备可食性包装薄膜的最佳选择之一。然而，海藻酸钠基薄膜具有一定的刚性，通常需要与其他物质混合使用或添加增塑剂来减少聚合物链之间的作用力（如氢键、静电相互作用等），以改善薄膜的机械性能[8]。明胶基薄膜具有机械性能强、阻隔性能好等优点，已被广泛应用于各类水果、肉类及海产品的保鲜领域[6]。将鱼皮明胶与海藻酸钠共混，可以弥补海藻酸钠基薄膜机械性能差的缺陷。海藻酸钠分子结构中的羧基和羟基可以与明胶通过分子间氢键结合，形成海藻酸钠 - 明胶复合物。该复合物制备的薄膜既保留了海藻酸钠本身的成膜性和抗菌性，又引入了明胶优异的机械性能和阻隔性能，在食品包装领域有着可观的应用前景。此外，向成膜液中加入增塑剂（如甘油、聚乙二醇 400 等）也可以克服薄膜机械性能差的缺点[13-15]：①甘油分子结构中含有大量的羟基，能够与海藻酸钠、明胶分子结构中的羧基反应生成酯键，并与水分子产生较强的氢键作用力，从而形成紧密的海藻酸钠 - 明胶 - 甘油 - 水分子网状结构。②甘油作为分子间填充剂，能够渗透并分布于海藻酸钠 - 明胶聚合物链的间隙之中，降低聚合物及其链间的作用力，增强链间相互滑动的顺畅性，起到内部润滑剂的作用。③甘油的引入使聚合物内部的自由体积增大，降低了薄膜的黏度和玻璃化温度，从而获得具有优异延展性和柔韧性的复合薄膜。

四、实验器材

1. 仪器与设备

电子天平、pH 计、移液枪、水浴锅、磁力搅拌器、超声清洗机、电热鼓风干燥箱、药匙、称量纸、烧杯、量筒、玻璃棒、移液枪枪头、转子、镊子、自制亚克力平皿（20cm×20cm×1.5cm）。

2. 材料与试剂

海藻酸钠、鱼皮明胶、氯化钙、甘油。

五、操作步骤

1. 海藻酸钠溶液的配制

称取 3g 海藻酸钠，溶解于去离子水中并稀释至 100mL，调节溶液 pH 值为 4.5，在 50℃恒温水浴中搅拌使其完全溶解，制备质量浓度为 30g/L 的海藻酸钠溶液。

2. 鱼皮明胶溶液的配制

称取 1g 鱼皮明胶，溶解于去离子水中，室温下溶胀 30min。稀释至 100mL，调节溶液 pH 值为 4.5，在 60℃水浴中搅拌使其完全溶解，制备质量浓度为 10g/L 的鱼皮明胶溶液。

3. 成膜液的制备

（1）海藻酸钠成膜液

将海藻酸钠溶液在 50℃下以 600r/min 磁力搅拌 30min，期间缓慢加入质量浓度为 2g/L 的 $CaCl_2$ 溶液，使成膜液中 $CaCl_2$ 的最终质量浓度为 0.1g/L。

（2）海藻酸钠 - 鱼皮明胶成膜液

将海藻酸钠成膜液和鱼皮明胶溶液等体积混合，在室温下以 600r/min 搅拌 1h，得到海藻酸钠 - 鱼皮明胶复合成膜液。

（3）甘油增塑海藻酸钠 - 鱼皮明胶成膜液

向海藻酸钠 - 鱼皮明胶复合成膜液中添加甘油，使成膜液中甘油的最终质量浓度为 40g/L。在 50℃下以 600r/min 磁力搅拌 30min 使成膜液混合均匀，得到甘油增塑海藻酸钠 - 鱼皮明胶复合成膜液。

4. 倒膜

将成膜液进行超声处理，除去搅拌过程中产生的气泡，然后倒入 20cm×20cm×1.5cm 的亚克力平皿中自然流延成膜。

5. 烘干

将亚克力平皿放入 45℃烘箱中干燥 12h。

6. 揭膜

用镊子揭下亚克力平皿中的薄膜，干燥保存，分别记为对照组（海藻酸钠基薄膜）、共混改性组（海藻酸钠 - 鱼皮明胶基复合薄膜）和增塑改性组（甘油增塑海藻酸钠 - 鱼皮明胶基复合薄膜），如图 6-1 所示。

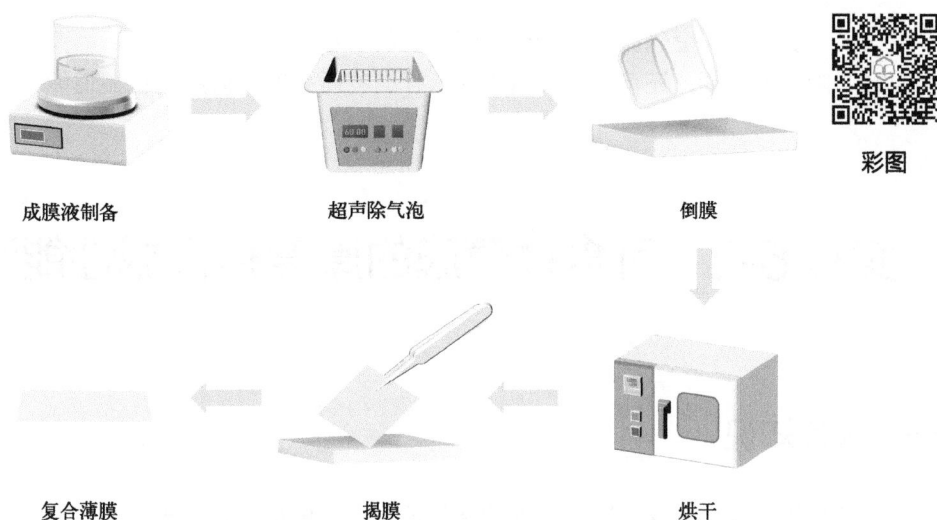

成膜液制备　　　　　超声除气泡　　　　　倒膜

复合薄膜　　　　　揭膜　　　　　烘干

图 6-1　膜的制备过程

六、实验结果

观察 3 种不同成膜液是否能够制成薄膜，对制备成功的薄膜进行外观描述并填入表 6-1。

表6-1　不同成膜液制备的海藻酸钠基复合薄膜现象

序号	组别	外观描述
1	对照组	
2	共混改性组	
3	增塑改性组	

七、实验关键点

（1）倒膜前需对成膜液进行除气泡操作，以免薄膜表面出现孔隙或不光滑。

（2）亚克力平皿需用水平仪调平，防止薄膜的厚度不均匀。

（3）薄膜干燥过程中需定期观察，以免烘干时间过长导致揭膜困难。

八、实验讨论与反思

（1）为什么配制鱼皮明胶溶液需要先在冷水中进行溶胀？

（2）交联剂的种类是否会影响薄膜的性质？除了氯化钙，还可以加入什么交联剂促进海藻酸钠基薄膜形成？

九、拓展思考

（1）干燥温度和空气流速是否会影响薄膜的外观和性质？

（2）除了增塑剂，还可向成膜液中加入什么物质来改善薄膜的机械性能？

实验 6-2　可食性薄膜的厚度和机械性能测定

一、背景知识

膜的机械性能可以反映膜对食品的保护能力，是衡量薄膜能否用于食品包装的关键因素 [16]。机械性能好的膜可以在储存、运输和销售过程中保持良好的完整性，保护食品免受压力、摩擦力等外力的影响，并作为屏障隔绝氧气和微生物，防止食品过快氧化和腐烂。而机械性能差的膜在流通过程中容易出现破损、裂纹等问题，导致食品发生泄漏、受潮、变质等情况。抗拉强度和断裂伸长率是反映薄膜机械性能的重要指标。抗拉强度是指在拉伸实验中，膜断裂时表现出的最大初始应力。断裂伸长率是指在受外力作用至拉断时，膜拉伸后的伸长长度与拉伸前长度的比值 [17,18]。一般情况下，膜的抗拉强度和断裂伸长率数值越大，其机械性能越好，阻隔外力的能力越强。膜的厚度也是衡量薄膜能否成功应用的一项重要指标。良好的包装材料不仅需要有足够的强度和韧性，也要在感官上让人容易接受 [19]。因此，适宜的厚度是食品包装薄膜生产过程中需要重点考虑的因素。目前，可食性薄膜因其可再生性、可降解性和可食用安全性成为塑料包装的良好替代品。但单一组分的海藻酸钠基薄膜存在质脆、易破裂、韧性差、机械性能较差等缺点，导致其在食品包装领域的应用受到限制。本实验通过探究不同成膜液对海藻酸钠基复合薄膜机械性能的影响，以期制备出具有优异机械性能的可食性包装膜。

二、实验目标

（1）探究不同成膜液对膜厚度和机械性能的影响。

（2）掌握膜厚度和机械性能的测定方法。

三、实验原理

膜的厚度作为可食性薄膜在食品包装领域应用的重要特性之一，直接或间接影响着膜的机械性能、光学性能、阻水性、阻氧性等性能。膜的厚度受到成膜液中固形物含量、成膜液体积、铺膜面积等因素的影响[19]。单一组分的海藻酸钠基薄膜厚度较小，向成膜液中加入鱼皮明胶和甘油后，单位体积成膜液中的聚合物分子数增多，聚合物分子链间的相互作用增强，从而形成更加致密的网络结构。此外，明胶基薄膜具有较大的厚度，当明胶与海藻酸钠结合时，膜的厚度会随着明胶比例的增加而增大[20]。因此，向成膜液中添加鱼皮明胶和甘油可以增加薄膜的厚度，使其表现出更优异的物理性能和阻隔性能。

膜的抗拉强度和断裂伸长率是反映机械性能的主要指标，受到成膜液的组分、含量、内聚力等因素的影响。海藻酸钠基薄膜的刚性结构和脆性，不利于其用于食品包装。向成膜液中加入鱼皮明胶可以弥补这一缺陷。一方面，带正电荷的海藻酸钠可以与带负电荷的鱼皮明胶形成聚两性电解质，增强了成膜材料之间的相互作用力[21]。另一方面，鱼皮明胶分子中的羟基、氨基、羧基等基团可以与海藻酸钠分子中的羟基、羧基等基团通过氢键结合，形成更紧密的聚合物网络结构，从而提高薄膜的机械强度[22]。增塑剂（甘油）的加入也能使海藻酸钠基薄膜的机械性能得到改善。首先，分子量较小的甘油分子可以混溶在成膜基质内部，通过氢键和范德瓦耳斯力与海藻酸钠、鱼皮明胶结合，起到填充网络结构的作用，提高了复合薄膜的抗拉强度[10,23]。其次，甘油分子的引入增加了聚合物分子链之间的间距，削弱了聚合物分子间的范德瓦耳斯力以及分子链间的作用力，使分子链的流动性增强，进而提高了复合薄膜的延展性和柔韧性[24]。

四、实验器材

1. 样品

实验6-1中制备的海藻酸钠基复合薄膜。

2. 器材

螺旋测微器、干燥器、质构仪、剪刀、尺。

五、操作步骤

1. 厚度

采用螺旋测微器测量膜的厚度。在薄膜上随机选取5个点，分别测量其厚度，读数时准确至0.001mm。

2. 机械性能

采用质构仪测定膜的抗拉强度（tensile strength, TS）和断裂伸长率（elongation at break percent, EB）。将薄膜在 25℃ ±2℃，相对湿度为 53% 的干燥器中干燥 24h。选取表面均匀、无裂痕的薄膜，将其裁剪成 10mm×50mm 的矩形，设定初始夹紧距离为 30mm，恒定速度为 10mm/min。每种膜平行测定 3 次，记录膜断裂时拉伸的长度及拉力大小。

（1）抗拉强度

$$TS=\frac{F}{L\times W}$$

式中，F 为膜断裂时所承受的最大张力，N；L 为膜的厚度，mm；W 为膜的宽度，mm。

（2）断裂伸长率

$$EB=\frac{L_1-L_0}{L_0}$$

式中，L_1 为膜断裂时的最终长度，mm；L_0 为膜的初始长度，mm。

六、实验结果

将不同成膜液制备的海藻酸钠基复合薄膜的厚度和机械性能指标填入到表 6-2 中。

表6-2 不同成膜液制备的海藻酸钠基复合薄膜的厚度和机械性能

序号	组别	厚度 /mm	抗拉强度 /MPa	断裂伸长率 /%
1	对照组			
2	共混改性组			
3	增塑改性组			

七、实验关键点

（1）选取表面均匀、无裂痕、长度和宽度一致的薄膜进行测定。
（2）测定膜的厚度时，在薄膜的中心和四角随机选取 5 个位置进行测定。
（3）测定膜的机械性能时，确保断裂位置在薄膜的中间，以保证数据测量的准确性。

八、实验讨论与反思

（1）如何确保薄膜的断裂位置处于中间？
（2）增塑剂可以提高薄膜的机械性能，如果添加量进一步增加，机械性能是否会提高？为什么？
（3）除了成膜液的组成，还有什么因素会对膜的机械性能造成影响？

九、拓展思考

（1）干燥温度是否会影响膜的厚度和机械强度？

（2）膜的厚度会影响膜的哪些性能？影响是否显著？

（3）除了抗拉强度和断裂伸长率，还有哪些指标可以评价膜的机械性能？

实验 6-3　可食性薄膜的耐水性和阻湿性测定

一、背景知识

作为包装用途的可食性薄膜，其耐水性是非常重要的评价指标，因为它影响薄膜的物理性能和阻隔性能，最终影响食品的品质和货架期。含水量、溶胀度和水溶性是反应薄膜耐水性能的关键指标。膜的含水量（moisture content, MC）是指膜内部与活性基团结合的水分子总量，以每克干膜所含水的克数表示。当膜的含水量超过 30% 时，不利于食品的储存[25]。膜的溶胀度（swelling degree, SD）是指干膜在水中浸泡后体积增加的程度，可以用来评价薄膜维持完整性的能力。溶胀度越低，薄膜越不容易吸水涨破，越能较好地保持完整性[26]。膜的水溶性（water solubility, WS）是指薄膜在水中的溶解性质，被视为食品包装领域的重要特性。一般来说，膜的含水量、溶胀度和水溶性越低，薄膜的耐水性越好。水蒸气透过率（water vapor permeability, WVP）则是衡量薄膜阻湿性的重要指标，因为它影响薄膜调节包装食品与周围环境之间水蒸气交换的能力[16]。作为食品包装的薄膜应具有尽可能低的水蒸气透过率，不仅能阻止水蒸气从外部环境传输到包装食品中，还可以延缓包装食品中水分子的转移，防止食品腐败和脱水，达到延长货架期的目的[27,28]。本实验通过探究不同成膜液对海藻酸钠基复合薄膜耐水性和阻湿性的影响，以期制备出具有优异物理性能和阻隔性能的可食性包装膜。

二、实验目标

（1）探究不同成膜液对膜耐水性和阻湿性的影响。

（2）掌握膜含水量、溶胀度、水溶性和水蒸气透过率的测定方法。

三、实验原理

膜的水分结合能力对薄膜的完整性和阻隔性具有重要意义。薄膜的水分结合能力受到成膜材料的亲水性及疏水性、薄膜的结晶情况以及聚合物的分子间相互作用等因素影响[29]。

单一组分的海藻酸钠基薄膜通常具有较高的含水量、溶胀度、水溶性和水蒸气透过率，不利于大多数食品的储存（尤其是在潮湿环境中）。向成膜液中添加鱼皮明胶，可以弥补这一缺陷，提升薄膜的物理性能和阻隔性能。其原理在于，第一，鱼皮明胶与海藻酸钠的氢键相互作用远大于海藻酸钠中的羟基与水分子的结合能力，导致成膜基质中能够与水结合的游离羟基的数量下降[25,26]。第二，与海藻酸钠相比，鱼皮明胶表现出较低的亲水性，两者共混使成膜基质中的有效亲水基团减少，从而降低了薄膜的表面亲水性[22]。第三，鱼皮明胶与海藻酸钠带有相反的电荷，两者结合形成了两性电解质，使聚合物的分子间相互作用增强，形成更稳定的网络结构[30]。第四，鱼皮明胶能与海藻酸钠通过氢键和范德瓦耳斯力结合，提高薄膜基质的内聚力，减少薄膜基质中的自由体积，使水分子难以进入薄膜网络结构中[31]。因此，海藻酸钠 - 鱼皮明胶基复合薄膜的含水量、溶胀度、水溶性和水蒸气透过率均低于单一组分的海藻酸钠基薄膜，可以更有效地延缓包装食品的腐败和水分流失。相比之下，增塑剂（甘油）的引入会导致复合薄膜的含水量、溶胀度、水溶性和水蒸气透过率提高，不利于其作为食品的包装材料。一方面，甘油较小的分子尺寸使其快速渗透到生物聚合物链中，减少了聚合物分子之间的相互作用，使复合薄膜的水溶性提高[32]。另一方面，甘油分子较多的亲水基团（羟基）使薄膜更容易与水分子结合，导致复合薄膜的吸湿性增强[33]。因此，在海藻酸钠 - 鱼皮明胶基复合薄膜的制备过程中，选择适宜的甘油添加量至关重要。

四、实验器材

1. 样品

实验 6-1 中制备的海藻酸钠基复合薄膜。

2. 器材

电子天平、电热鼓风干燥箱、烧杯、量筒、离心管、剪刀、尺。

五、操作步骤

1. 含水量

将薄膜裁剪成 20mm×20mm 的矩形，称量其初始质量（M_0）。将薄膜置于 100℃干燥箱中烘干至恒重，冷却至室温后称量薄膜的质量（M_1），每种薄膜平行测定 3 次。按照下列公式计算薄膜的 MC。

$$MC = \frac{M_0 - M_1}{M_0}$$

2. 溶胀度

将烘干后的薄膜分别置于 30mL 去离子水中，浸泡 12h 后取出，用滤纸吸干表面水分，测得薄膜的质量（M_2）。按照下列公式计算薄膜的 SD。

$$SD = \frac{M_2 - M_1}{M_1}$$

3. 水溶性

将浸泡后的薄膜置于 100℃ 的干燥箱中烘干至恒重，冷却至室温后称量薄膜的质量（M_3）。按照下列公式计算薄膜的 WS。

$$WS = \frac{M_1 - M_3}{M_1}$$

4. 水蒸气透过率

将薄膜裁剪成直径为 6cm 的圆片，覆盖在含有 30mL 去离子水的 50mL 离心管上。将离心管置于含有硅胶的干燥器中，每隔 2h 记录离心管的质量，直到质量变化恒定，每种薄膜平行测定 3 次。按照下列公式计算薄膜的 WVP。

$$WVP = \frac{\Delta m \times d}{A \times \Delta t \times \Delta P}$$

式中，Δm 为离心管质量的增加量，g；d 为薄膜的平均厚度，mm；A 为薄膜的有效面积，m^2；Δt 为测量间隔时间，h；ΔP 为薄膜两侧的蒸气压差，3.1671kPa。

六、实验结果

将不同成膜液制备的海藻酸钠基复合薄膜的含水量、溶胀度、水溶性和水蒸气透过率填入到表 6-3 中。

表6-3　不同成膜液制备的海藻酸钠基复合薄膜的耐水性和阻湿性

序号	组别	含水量 /%	溶胀度 /%	水溶性 /%	水蒸气透过率 /[g·mm/(m²·h·kPa)]
1	对照组				
2	共混改性组				
3	增塑改性组				

七、实验关键点

（1）将薄膜烘干至恒重过程中，应多次称量薄膜的质量，直至前后 2 次的质量变化小于 5%，以确保实验结果的准确性。

（2）测定薄膜的溶胀度时，应将薄膜完全浸泡在去离子水中，以保证薄膜充分溶胀。

（3）测定薄膜的水蒸气透过率时，用封口膜将离心管外侧的薄膜密封，以保证有效面积的准确性。

八、实验讨论与反思

（1）不同成膜液制备的薄膜干燥后的表观形态有何不同？

（2）膜的含水量、溶胀度和水溶性都是评价其耐水性的指标，它们之间有何关联？

（3）膜的水蒸气透过率越低，对包装食品的保鲜效果越好吗？

九、拓展思考

（1）干燥温度对膜的耐水性和阻湿性有何影响？影响是否显著？

（2）膜的阻隔性能还有哪些？可以通过测定什么指标来评价？

（3）包装不同种类食品（如果蔬、肉制品、乳制品等），对膜耐水性和阻湿性的要求一致吗？

实验 6-4　可食性薄膜的色度及不透明度测定

一、背景知识

　　食品的包装是消费者对产品的选择和接受程度的重要影响因素之一。在不打开包装的情况下，消费者会根据视觉颜色差异和包装膜的透明度来判断食品的品质和新鲜程度 [3]。因此，膜的色度和不透明度被视为薄膜性能的重要评价指标。色度值是指颜色的色度坐标，通常用 L^*、a^*、b^* 三个参数来表示 [9]。L^* 值越大，说明膜的色泽越亮。a^* 为正值表示膜的颜色偏红，a^* 为负值表示膜的颜色偏绿。b^* 为正值表示膜的颜色偏黄，b^* 负值表示膜的颜色偏蓝。色差是用来描述颜色差异的量化指标，用于比较不同样品之间的颜色差异或判断样品的颜色稳定性，通常用 ΔE 来表示 [1]。ΔE 值越低，膜的可接受程度越高。膜的不透明度是评价薄膜对光透过程度的重要指标。膜的不透明度越低，视觉效果越好，更便于消费者观察包装食品的形态和在其储存期间发生的变化 [22]。本实验通过探究不同成膜液对海藻酸钠基复合薄膜色度和不透明度的影响，以期制备出具有优异光学性能的可食性包装膜。

二、实验目标

（1）探究不同成膜液对膜颜色和不透明度的影响。

（2）掌握膜颜色和不透明度的测定原理和方法。

（3）理解膜颜色和不透明度对于食品工业的价值与意义。

三、实验原理

色差仪是一种利用滤色片来模拟人眼对三原色（红、绿、蓝）光感应的光学测量仪器。滤色片分别接收到测试样品表面的红、绿、蓝的反射光，进行光电转换成 X、Y、Z，然后再导出 L^*、a^*、b^* 等颜色数据。色差的测定原理主要基于光的反射和吸收，根据测得反射光的光谱数据，计算出测试样品的色度值和色差值等参数。一般来说，色差数值越大，样品之间的颜色差异越大。在进行色差测定时，需要严格控制测量条件，尽量减少主观因素的影响，以确保测量结果的准确性和可靠性。海藻酸钠的表观颜色呈现白色，而鱼皮明胶的表观颜色呈现微黄色 [9]。向海藻酸钠成膜液中添加明胶后，复合薄膜的 b^* 值增加，由无色转变成淡黄色。

膜的不透明度是指薄膜对可见光吸收能力的强弱，其测定原理主要基于光的反射和散射，通过测量薄膜对波长为 600nm 的单色光的吸收程度，计算得出薄膜的不透明度。不透明度在一定程度上可以反映复合薄膜中各组分之间的相容性变化。海藻酸钠与鱼皮明胶、甘油共混后，通过氢键和范德瓦耳斯力相互结合，使薄膜基质的网络结构变得更加致密，从而降低了可见光的透过率 [34]。此外，鱼皮明胶的加入使复合膜的颜色变黄，也会导致薄膜的不透明度增加。复合膜的微黄色在一定程度上可以抑制由可见光或紫外光引起的食品降解、变色、变味等质量问题，有利于延长食品的货架期 [35]。

四、实验器材

1. 样品

实验 6-1 中制备的海藻酸钠基复合薄膜。

2. 器材

色差仪、紫外 - 可见分光光度计、螺旋测微器、剪刀、尺。

五、操作步骤

1. 色差

采用色差仪测量薄膜的亮度（L^*）、红绿度（$\pm a^*$）、黄蓝度（$\pm b^*$）和总体色差（ΔE），每种膜平行测定 3 次。按照下列公式计算膜的 ΔE。

$$\Delta E = \sqrt{(L^* - L_0^*) + (a^* - a_0^*) + (b^* - b_0^*)}$$

式中：L^*、a^*、b^* 为薄膜的颜色参数；L_0^*、a_0^*、b_0^* 为白板的颜色参数。

2. 不透明度

采用紫外分光光度计测定薄膜的不透明度（opacity, Op）。首先用螺旋测微器测量薄膜的厚度，然后将薄膜裁剪成矩形，使其紧密贴合于 10mm 比色皿内壁，以空白比色皿为对照，利用紫外 - 可见分光光度计在 600nm 下测定薄膜的吸光度值。按照下列公式计算膜的 Op。

$$Op = \frac{A_{600}}{l}$$

式中，l 为薄膜的厚度，mm；A_{600} 为薄膜在 600nm 下的吸光度值。

六、实验结果

将不同成膜液制备的海藻酸钠基复合薄膜的色泽指标和不透明度填入表 6-4 中。

表6-4　不同成膜液制备的海藻酸钠基复合薄膜的色泽指标和不透明度

序号	组别	L^*	a^*	b^*	ΔE	Op
1	对照组					
2	共混改性组					
3	增塑改性组					

七、实验关键点

（1）色差仪使用前，需要先使用标准白板和标准黑板进行颜色校正。

（2）紫外 - 可见分光光度计使用前，需要先进行预热再测量吸光度值，否则会造成实验误差。

（3）测定不透明度时，薄膜应垂直紧贴比色皿内壁放入，保证薄膜与比色皿内壁之间无气泡。

八、实验讨论与反思

（1）色差的测量可能会受到什么外界因素的影响？

（2）为什么要在 600nm 的吸光度下测量薄膜的不透明度？可以选择其他的吸光度进行测定吗？

九、拓展思考

（1）色泽指标和不透明度都是膜的光学性能参数，它们之间有何关联？膜的色泽指标是否会影响其不透明度？

（2）膜的光学性能还可以通过测定哪些指标来评价？

（3）膜的透明度越高，其外观性能越好。当透明度达到一定程度时，膜对可见光和紫外线的阻隔性是否会受到影响？是否会影响包装食品的货架期？

实验 6-5　可食性薄膜的抑菌性能评价

一、背景知识

食品的安全性与包装材料密切相关。在加工、运输和贮藏过程中，食品容易受到各种食源性微生物的污染，如大肠杆菌、金黄色葡萄球菌、单核细胞增生李斯特菌、肠炎沙门氏菌等。这些食源性微生物的污染不仅影响食品的货架期，还可能引起食源性疾病，如恶心、呕吐、腹痛、腹泻等症状，对食品安全构成了严重威胁[36]。可食性复合薄膜是一种很有潜力的食品包装材料，能够保护食品免受物理、化学、微生物等危害，进而保证食品的质量和安全。海藻酸钠具有较强的抑菌作用，作为食品包装薄膜可以有效地抑制食品表面细菌的生长，延长食品的保质期[37]。本实验以大肠杆菌和金黄色葡萄球菌为模型微生物，探究海藻酸钠基复合薄膜的抑菌性能，以期制备出具有优异抑菌性能的可食性包装膜。

二、实验目标

（1）探究海藻酸钠基复合薄膜的抑菌性能。

（2）掌握琼脂扩散法测定抑菌性能的操作方法。

（3）掌握高压蒸汽灭菌和微生物接种的基本操作。

三、实验原理

药敏实验可以检测细菌对某种抗菌物质的敏感性。常见的药敏实验有琼脂扩散实验、最低抑菌浓度实验、最低杀菌浓度实验等。琼脂扩散实验是将具有抑菌作用的样品贴在已接种测试菌的琼脂表面上，抑菌物质在琼脂中呈现向四周均匀扩散的趋势，在纸片的周围形成浓度梯度环境。其中，在抑菌浓度覆盖区域内的菌株生长受到抑制，无法形成菌落。与之相对的，在抑菌范围外的菌株能够正常生长，在纸片周围形成一圈清晰可见的、无生长迹象的抑菌透明带。抑菌圈的大小可以反映测菌对抗菌物质的敏感程度[38,39]。

海藻酸钠基薄膜具有较好的抑菌性能，主要通过两种机制发挥作用[40-42]。第一种是离子释放机制，在海藻酸钠基薄膜的形成过程中，海藻酸钠与水分子发生离子交换，释放出

Na^+，提高了成膜基质中 Na^+ 的浓度。Ca^{2+}、Na^+ 和 H^+ 在维持细菌正常代谢过程及细胞膜内外渗透压平衡方面扮演着至关重要的角色。在高 Na^+ 浓度的环境中，细菌内的水分向渗透压高的一侧流动（即向壁外流），导致细菌失水死亡，从而达到杀菌的目的。第二种是物理吸附机制，海藻酸钠具有良好的吸附效果，可以与菌体表面的阴离子结合，起到抑菌的效果。此外，海藻酸钠基薄膜还可以将食品与外界环境隔离，减少了细菌对包装食品的污染，有效地延缓了食品的腐败变质 [37]。

四、实验器材

1. 样品

实验 6-1 中制备的海藻酸钠基复合薄膜。

2. 试剂

大肠杆菌、金黄色葡萄球菌、牛肉浸粉、氯化钠、蛋白胨、琼脂、胰酪胨、大豆木瓜蛋白酶水解物。

3. 器材

电子天平、pH 计、高压灭菌锅、0.5% 麦氏比浊管、麦氏比浊仪、打孔机、酒精灯、容量瓶、三角瓶、培养皿、试管、药匙、称量纸、接种环、镊子、滤纸片、涂布棒、恒温培养箱、游标卡尺。

五、操作步骤

1. 培养基配制

（1）肉汤琼脂培养基：称取 3.0g 牛肉浸粉、5.0g 氯化钠、10.0g 蛋白胨、15.0g 琼脂，加蒸馏水定容至 1000mL，调节 pH 值为 7.3，分装在三角瓶中，盖上封口膜，121℃高压灭菌 15min。

（2）胰酪大豆胨琼脂培养基：称取 15.0g 胰酪胨、5.0g 大豆木瓜蛋白酶水解物、5.0g 氯化钠、15.0g 琼脂，加蒸馏水定容至 1000mL，调节 pH 值为 7.3，分装在三角瓶中，盖上封口膜，121℃高压灭菌 15min。

2. 无菌生理盐水配制

称取 8.5g 氯化钠，加蒸馏水定容至 1000mL，121℃高压灭菌 15min。

3. 菌悬液制备

选取大肠杆菌和金黄色葡萄球菌作为供试菌株，将其分别在肉汤琼脂培养基中划线培养，放入恒温培养箱，在37℃培养16h。挑取多个菌落，用无菌生理盐水进行稀释，制得菌液浓度为 $1.5×10^8$ CFU/mL 的菌悬液（相当于0.5号麦氏浊度标准管），如表6-5所示。

表6-5　麦氏比浊度标准管与细菌近似浓度的关系

	标准管	0.5号	1号	2号	3号	4号	5号
标准管 配制	0.25% BaCl₂/mL	0.2	0.4	0.8	1.2	1.6	2.0
	0.1% H₂SO₄/mL	9.8	9.6	9.2	8.8	8.4	8.0
细菌近似浓度 /(×10⁸CFU/mL)		1.5	3	6	9	12	15

4. 抑菌效果测定

采用琼脂扩散法测定甘油增塑海藻酸钠 - 鱼皮明胶基复合薄膜的抑菌效果。用打孔机将薄膜裁剪成直径为9mm的圆片，在紫外线灯下照射30min，杀死薄膜表面的微生物。取直径为90mm的培养皿放在超净工作台上，倾注加入加热融化的胰酪大豆胨琼脂培养基15mL，均匀摊布，使其冷却凝固。取1mL菌悬液，用涂布棒将其均匀涂抹在培养基上，然后将薄膜圆片分别放置在含有大肠杆菌和金黄色葡萄球菌的培养基上，空白滤纸作为对照组。

5. 培养

将培养皿放入恒温培养箱，在37℃下培养24h后，采用十字交叉法测量抑菌圈直径大小，重复测量3次，取平均值。

六、实验结果

观察海藻酸钠基复合薄膜对大肠杆菌和金黄色葡萄球菌的抑菌效果，拍照记录并测定抑菌圈的大小，填入表6-6。

表6-6　海藻酸钠基复合薄膜的抑菌效果

序号	组别	大肠杆菌抑菌圈直径 /mm	金黄色葡萄球菌抑菌圈直径 /mm
1	空白滤纸		
2	海藻酸钠基复合薄膜		

七、实验关键点

（1）使用高压灭菌锅前，应检查锅内的蒸馏水量是否充足，如果不够则需要及时补充。

（2）高压灭菌锅内的待灭菌物品不要摆放过满，否则不利于水蒸气的流通，影响灭菌效果。

（3）薄膜圆片应均匀分布在培养基上，间距不能小于24mm，以确保实验结果的可靠性。

八、实验讨论与反思

（1）为防止杂菌污染，在实验操作过程中应注意哪些细节？

（2）为什么选择金黄色葡萄球菌和大肠杆菌进行抑菌性能的测试？可以用其他菌种代替吗？

（3）培养基的厚度、菌液浓度和数量、培养温度和时间对抑菌圈的大小会造成影响吗？影响是否显著？

九、拓展思考

（1）为进一步提高薄膜的抑菌性能，可以向成膜液中加入什么物质？

（2）除了琼脂扩散法，还可以采用什么方法测定薄膜的抑菌性能？

实验 6-6　可食性薄膜对三文鱼的保鲜效果评价

一、背景知识

三文鱼又被称为大马哈鱼、鲑鱼、撒蒙鱼，是主要生长在亚洲、欧洲、美洲北部等高纬度地区的一种冷水域洄游鱼类[43]。三文鱼不仅肉质鲜美，还富含蛋白质、矿物质和多不饱和脂肪酸，是最具生食价值的鱼类之一[44]。然而，中性酸碱度、高营养密度、高含水量等特性，使三文鱼在捕捞、加工和贮藏期间极易腐败变质，难以满足消费者对安全、新鲜、高感官质量的需求[45,46]。因此，采取有效的保鲜措施来防止三文鱼腐败变质，具有重要的研究意义。低温储藏可以抑制微生物快速繁殖，保持食品的风味和营养价值，是延长三文鱼货架期的一种常见保鲜技术[47]。然而，在低温储藏过程中三文鱼仍会受到致病菌和腐败菌（如荧光假单胞菌、莓实假单胞菌、单核细胞增生李斯特菌等）的污染[48]。因此，需要一种新型保鲜技术来延缓微生物的生长，延长三文鱼的货架期和安全性。本实验通过平板计数法测定三文鱼在贮藏过程中的菌落总数，探究海藻酸钠基复合薄膜对三文鱼的保鲜效果，为三文鱼的贮藏保鲜提供新思路。

二、实验目标

（1）探究海藻酸钠基复合薄膜对三文鱼的保鲜效果。

（2）掌握菌落总数的测定原理和基本操作。

（3）了解菌落总数测定在食品卫生学评价中的意义。

三、实验原理

菌落总数是指食品在特定条件（如培养基成分、培养温度、pH 等）下培养后，每g(mL) 样品中所形成菌落总数。菌落总数通常用于评估食品被污染的程度，卫生程度越好的食品单位样品中的菌落总数越低。当食品的菌落总数超出既定标准时，说明该食品的卫生条件未能符合基础要求，可能会加速食品的腐败变质，最终导致食品丧失其原有的营养和食用价值。平板计数法是统计菌落总数的常用方法。将测试样品稀释到适当浓度后，取一定量的稀释液涂布在固体培养基上，使其中的微生物分散成单个细胞，经培养形成肉眼可见的菌落，此时一个菌落代表原样品中的一个细胞。根据菌落数、稀释倍数和取样接种量计算得出样品所含的菌落总数[49]。然而，菌落总数的测定条件不利于微需氧菌、厌氧菌、嗜热菌、嗜冷菌和有特殊营养要求的细菌的生长。因此，测得的菌落总数不能全面反映样品中实际含有的全部细菌，只代表能在平板计数琼脂培养基中生长繁殖的需氧或兼性厌氧菌的细菌总数。在能引起食品腐败变质的微生物中，这类细菌占大多数。所以，采用此方法来测定食品中含有的细菌落总数是可行的。

四、实验器材

1. 样品

聚乙烯薄膜、实验 6-1 中制备的海藻酸基复合薄膜。

2. 试剂

胰蛋白胨、酵母浸膏、葡萄糖、琼脂、氯化钠。

3. 器材

电子天平、称量纸、蒸煮袋、容量瓶、酒精灯、培养皿、三角瓶、试管、试管架、涂布器、高压灭菌锅、恒温培养箱、拍击式均质器、移液枪、枪头、振荡器、pH 计。

五、操作步骤

1. 样品制备

将三文鱼去头、去皮、去内脏后，取鱼体两侧背脊鱼肉，修整成 10g 的小块。将甘油增塑海藻酸钠 - 鱼皮明胶基复合薄膜切成 6cm×6cm 的方形，用来包裹三文鱼，聚乙烯薄膜包裹的三文鱼作为对照组。将处理好的三文鱼于 4℃冰箱内冷藏，3d 后测定各处理样品的菌落总数。

2. 无菌生理盐水配制

称取 8.5g 氯化钠，加蒸馏水定容至 1000mL，121℃高压灭菌 15min。

3. 稀释液配制

将三文鱼取出后置于盛有 90mL 无菌生理盐水的蒸煮袋内。用拍击式均质器拍打蒸煮袋 1min，制成 10^{-1} 稀释液。用无菌移液枪取上清液 1mL，沿管壁缓慢注入盛有 9mL 无菌生理盐水的试管中，在振荡器上振荡混匀，制成 10^{-2} 稀释液。用 100 倍递增法，依次制成 10^{-4}、10^{-6} 稀释液。

4. 平板计数琼脂培养基配制

称取 5.0g 胰蛋白胨、2.5g 酵母浸膏、1.0g 葡萄糖、15.0g 琼脂，加蒸馏水定容至 1000mL，调节 pH 值为 7.0，分装在三角瓶中，并盖上封口膜。

5. 灭菌

将装有平板计数琼脂培养基的三角瓶、玻璃培养皿、试管进行灭菌处理，121℃高压灭菌 15min，灭菌结束后转移至超净工作台中。

6. 倒板

将温度在 45℃左右的平板计数琼脂培养基依次倾倒在无菌培养皿中，转动培养皿使其混合均匀。

7. 涂布

用无菌移液枪吸取 20μL 稀释液加入到无菌培养皿中，用涂布器将其均匀涂覆于平板表面，每个样品的稀释液做三个平行。将无菌生理盐水加入到无菌培养皿中作为空白对照。

8. 培养

将平板倒置于恒温培养箱中，36℃±1℃培养 48h±2h 后观察菌落，拍照观察并计数。

六、实验结果

肉眼观察菌落形态，并对培养皿中的菌落进行计数，填入表 6-7。

表6-7　海藻酸钠基复合薄膜对三文鱼的保鲜效果

序号	组别	稀释梯度	菌落总数 /CFU	菌落形态
1	聚乙烯薄膜	10^{-2}		
		10^{-4}		
		10^{-6}		
2	海藻酸钠基复合薄膜	10^{-2}		
		10^{-4}		
		10^{-6}		

七、实验关键点

（1）测定菌落总数时，所有操作均应在超净工作台中进行。

（2）样品进行稀释前一定要混匀，确保每次取出的样品中的菌数相差不大，否则影响实验结果。

（3）涂布过程中，用酒精灯烧过的涂布器需放凉后再用于涂布，以免将稀释液中的细菌杀死。

（4）选择菌落数在 30 ～ 300CFU 之间且无蔓延菌落生长的平板进行计数。

八、实验讨论与反思

（1）为什么要将不同浓度的稀释液分别接种于平板上？

（2）平板上菌落总数和样品的稀释倍数是否成比例？如果不是，原因是什么？

（3）平板上的菌分别是哪些腐败菌？除了鱼肉自身存在的腐败菌，如果平板上出现其他的菌落，原因是什么？

九、拓展思考

（1）水产品的腐败菌有哪些？肉制品、果蔬的腐败菌有哪些？彼此之间有无异同点？

（2）食品检验中测定菌落总数的意义是什么？

参考文献

[1] Chaari M, Elhadef K, Akermi S, et al. Novel active food packaging films based on gelatin-sodium alginate containing beetroot peel extract[J]. Antioxidants, 2022, 11(11): 2095.

[2] Menzel C, Brom J, Heidbreder L M. Explicitly and implicitly measured valence and risk attitudes towards plastic packaging, plastic waste, and microplastic in a German sample[J]. Sustainable Production and Consumption, 2021, 28: 1422-1432.

[3] Al-Harrasi A, Bhatia S, Al-Azri M S, et al. Effect of drying temperature on physical, chemical, and antioxidant properties of ginger oil loaded gelatin-sodium alginate edible films[J]. Membranes, 2022, 12(9): 862.

[4] Aulin C, Karabulut E, Tran A, et al. Transparent nanocellulosic multilayer thin films on polylactic acid with tunable gas barrier properties[J]. ACS Applied Materials & Interfaces, 2013, 5(15): 7352-7359.

[5] Sadeghizadeh-Yazdi J, Habibi M, Kamali A R, et al. Application of edible and biodegradable starch-based films in food packaging: A systematic review and meta-analysis[J]. Current Research in Nutrition and Food Science, 2019, 7(3): 624-637.

[6] Mohamed S A A, El-Sakhawy M, El-Sakhawy M A M. Polysaccharides, protein and lipid-based natural edible films in food packaging: A review[J]. Carbohydrate Polymers, 2020, 238: 116178.

[7] Costa M J, Marques A M, Pastrana L M, et al. Physicochemical properties of alginate-based films: Effect of ionic crosslinking and mannuronic and guluronic acid ratio[J]. Food Hydrocolloids, 2018, 81: 442-448.

[8] Senturk Parreidt T, Muller K, Schmid M. Alginate-based edible films and coatings for food packaging applications[J]. Foods, 2018, 7(10): 170.

[9] Gan J, Guan C, Zhang X, et al. The preparation of anti-ultraviolet composite films based on fish gelatin and sodium alginate incorporated with mycosporine-like amino acids[J]. Polymers, 2022, 14(15): 2980.

[10] Ribeiro A M, Estevinho B N, Rocha F. Preparation and incorporation of functional ingredients in edible films and coatings[J]. Food and Bioprocess Technology, 2021, 14(2): 209-231.

[11] Xiao Q, Tong Q, Lim L. Pullulan-sodium alginate based edible films: Rheological properties of film forming solutions[J]. Carbohydrate Polymers, 2012, 87(2): 1689-1695.

[12] Hambleton A, Perpinan-Saiz N, Fabra M J, et al. The Schroeder paradox or how the state of water affects the moisture transfer through edible films[J]. Food Chemistry, 2012, 132(4): 1671-1678.

[13] Cerqueira M A, Souza B W S, Teixeira J A, et al. Effect of glycerol and corn oil on physicochemical properties of polysaccharide films - A

comparative study[J]. Food Hydrocolloids, 2012, 27(1): 175-184.

[14] Bagheri F, Radi M, Amiri S. Drying conditions highly influence the characteristics of glycerol-plasticized alginate films[J]. Food Hydrocolloids, 2019, 90: 162-171.

[15] Giz A S, Aydelik-Ayazoglu S, Catalgil-Giz H, et al. Stress relaxation and humidity dependence in sodium alginate-glycerol films[J]. Journal of the Mechanical Behavior of Biomedical Materials, 2019, 100: 103374.

[16] Ahmad H N, Yong Y, Wang S, et al. Development of novel carboxymethyl cellulose/gelatin-based edible films with pomegranate peel extract as antibacterial/antioxidant agents for beef preservation[J]. Food Chemistry, 2024, 443: 138511.

[17] Aloui H, Deshmukh A R, Khomlaem C, et al. Novel composite films based on sodium alginate and gallnut extract with enhanced antioxidant, antimicrobial, barrier and mechanical properties[J]. Food Hydrocolloids, 2021, 113: 106508.

[18] Bitencourt C M, Fávaro-Trindade C S, Sobral P J A, et al. Gelatin-based films additivated with curcuma ethanol extract: Antioxidant activity and physical properties of films[J]. Food Hydrocolloids, 2014, 40: 145-152.

[19] Wang L Z, Auty M A E, Kerry J P. Physical assessment of composite biodegradable films manufactured using whey protein isolate, gelatin and sodium alginate[J]. Journal of Food Engineering, 2010, 96(2): 199-207.

[20] Dou L, Li B, Zhang K, et al. Physical properties and antioxidant activity of gelatin-sodium alginate edible films with tea polyphenols[J]. International Journal of Biological Macromolecules, 2018, 118: 1377-1383.

[21] Chen Z, Mo X, He C, et al. Intermolecular interactions in electrospun collagen-chitosan complex nanofibers[J]. Carbohydrate Polymers, 2008, 72(3): 410-418.

[22] Yang L, Yang J, Qin X, et al. Ternary composite films with simultaneously enhanced strength and ductility: Effects of sodium alginate-gelatin weight ratio and graphene oxide content[J]. International Journal of Biological Macromolecules, 2020, 156: 494-503.

[23] Calva-Estrada S J, Jiménez-Fernández M, Lugo-Cervantes E. Protein-based films: Advances in the development of biomaterials applicable to food packaging[J]. Food Engineering Reviews, 2019, 11(2): 78-92.

[24] Alves A, Lima A M F, Tiera M J, et al. Biopolymeric films of amphiphilic derivatives of chitosan: A physicochemical characterization and antifungal study[J]. International Journal of Molecular Sciences, 2019, 20(17): 4173.

[25] Ali A M M, Prodpran T, Benjakul S. Effect of squalene as a glycerol substitute on morphological and barrier properties of golden carp (*Probarbus Jullieni*) skin gelatin film[J]. Food Hydrocolloids, 2019, 97: 105201.

[26] Wu J, Zhong F, Li Y, et al. Preparation and characterization of pullulan-chitosan and pullulan-carboxymethyl chitosan blended films[J]. Food Hydrocolloids, 2013, 30(1): 82-91.

[27] Xu L, Zhang B, Qin Y, et al. Preparation and characterization of antifungal coating films composed of sodium alginate and cyclolipopeptides produced by *Bacillus subtilis*[J]. International Journal of Biological Macromolecules, 2020, 143: 602-609.

[28] Wang S, Li M, He B, et al. Composite films of sodium alginate and konjac glucomannan incorporated with tea polyphenols for food preservation[J]. International Journal of Biological Macromolecules, 2023, 242: 124732.

[29] Thessrimuang N, Prachayawarakorn J. Characterization and properties of high amylose mung bean starch biodegradable films cross-linked with malic acid or succinic acid[J]. Journal of Polymers and the Environment, 2019, 27(2): 234-244.

[30] Rattaya S, Benjakul S, Prodpran T. Properties of fish skin gelatin film incorporated with seaweed extract[J]. Journal of Food Engineering, 2009, 95(1): 151-157.

[31] Nataraj D, Sakkara S, Meenakshi H N, et al. Properties and applications of citric acid crosslinked banana fibre-wheat gluten films[J]. Industrial Crops and Products, 2018, 124: 265-272.

[32] Bhatia S, Al-Harrasi A, Almohana I H, et al. The physicochemical properties and molecular docking study of plasticized amphotericin B loaded sodium alginate, carboxymethyl cellulose, and gelatin-based films[J]. Heliyon, 2024, 10(2): e24210.

[33] Mohammadi Nafchi A, Olfat A, Bagheri M, et al. Preparation and characterization of a novel edible film based on *Alyssum homolocarpum* seed gum[J]. Journal of Food Science and Technology, 2017, 54(6): 1703-1710.

[34] Mestdagh F, De Meulenaer B, De Clippeleer J, et al. Protective influence of several packaging materials on light oxidation of milk[J]. Journal of Dairy Science, 2005, 88(2): 499-510.

[35] Gómez-Estaca J, López de Lacey A, López-Caballero M E, et al. Biodegradable gelatin-chitosan films incorporated with essential oils as antimicrobial agents for fish preservation[J]. Food Microbiology, 2010, 27(7): 889-896.

[36] Pandey S, Sharma K, Gundabala V. Antimicrobial bio-inspired active packaging materials for shelf life and safety development: A review[J]. Food Bioscience, 2022, 48: 101730.

[37] Yan P, Lan W, Xie J. Modification on sodium alginate for food preservation: A review[J]. Trends in Food Science & Technology, 2024, 143: 104217.

[38] Shan P, Wang K, Sun F, et al. Humidity-adjustable functional gelatin hydrogel/ethyl cellulose bilayer films for active food packaging application[J]. Food Chemistry, 2024, 439: 138202.

[39] Li H, Jiang Y, Yang J, et al. Preparation of curcumin-chitosan composite film with high antioxidant and antibacterial capacity: Improving the solubility of curcumin by encapsulation of biopolymers[J]. Food Hydrocolloids, 2023, 145: 109150.

[40] Aderibigbe B A, Buyana B. Alginate in wound dressings[J]. Pharmaceutics, 2018, 10(2): 42.

[41] He Q, Tong T, Yu C, et al. Advances in algin and alginate-hybrid materials for drug delivery and tissue engineering[J]. Marine Drugs, 2023, 21(1): 14.

[42] Labowska M B, Michalak I, Detyna J. Methods of extraction, physicochemical properties of alginates and their applications in biomedical field - a review[J]. Open Chemistry, 2019, 17(1): 738-762.

[43] Zhang Z, Miar Y, Huyben D, et al. Omega-3 long-chain polyunsaturated fatty acids in Atlantic salmon: Functions, requirements, sources, de novo biosynthesis and selective breeding strategies[J]. Reviews in Aquaculture, 2023.

[44] Costa S, Afonso C, Cardoso C, et al. Fatty acids, mercury, and methylmercury bioaccessibility in salmon (*Salmo salar*) using an *in vitro*

model: Effect of culinary treatment[J]. Food Chemistry, 2015, 185: 268-276.

[45] He M, Guo Q, Song W, et al. Inhibitory effects of chitosan combined with nisin on *Shewanella* spp. isolated from *Pseudosciaena crocea*[J]. Food Control, 2017, 79: 349-355.

[46] Yang H, Li Q, Yang L, et al. The competitive release kinetics and synergistic antibacterial characteristics of tea polyphenols/ε-poly-l-lysine hydrochloride core-shell microcapsules against *Shewanella putrefaciens*[J]. International Journal of Food Science and Technology, 2020, 55(12): 3542-3552.

[47] Suarez-Medina M D, Saez-Casado M I, Martinez-Moya T, et al. The effect of low temperature storage on the lipid quality of fish, either alone or combined with alternative preservation technologies[J]. Foods, 2024, 13(7): 1097.

[48] Zouharova A, Bartakova K, Bursova S, et al. Meat and fish packaging and its impact on the shelf life - a review[J]. Acta Veterinaria Brno, 2023, 92(1): 95-108.

[49] Lu F, Ding Y, Ye X, et al. Cinnamon and nisin in alginate-calcium coating maintain quality of fresh northern snakehead fish fillets[J]. LWT - Food Science and Technology, 2010, 43(9): 1331-1335.

第四篇　食品安全综合实验

食品中有害物质是指摄入达到一定含量会对人体产生危害的物质。随着政府监管力度加强和消费者健康意识提高，如何减少食品中有害物质的残留、保障食品的质量与安全已成为食品科学与工程领域的重要任务之一。食品中存在的有害物质包括农药残留、亚硝酸盐、重金属、真菌毒素等。我国作为粮食产量位列世界第一的农业大国，维护粮食作物的安全并防止农产品（如花生、玉米、大米）受到黄曲霉毒素污染至关重要。此外，重金属污染也是影响我国食品质量和安全的主要原因之一，主要通过工业排放、土壤污染、水体污染等途径进入到食品，对人类健康造成了极大的危害。因此，本篇以重金属和黄曲霉毒素为例，深入探讨了食品有害物质的来源和危害、检测和脱除技术的基本原理，以及对食品营养成分和品质的影响。通过学习本篇，读者不仅能够掌握一系列先进的检测技术和脱除方法，如色谱分析、光谱检测、辐照处理、化学降解等，还能深刻理解食品安全的重要性，认识到有害物质对消费者健康的潜在威胁，为未来的科研和职业生涯奠定坚实基础。

实验 **7**

水产品中有害物质检测及脱除——以重金属为例

实验 7-1　牡蛎对镉的富集及消解预处理

一、背景知识

水产品具有较强的重金属富集能力，不同种类的水生生物如鱼类、虾类、贝类和藻类对重金属的富集能力各异[1]。目前，水产品中的重金属污染问题已经引起了社会的广泛关注。这些重金属主要通过三条途径在水生动物体内累积：首先，水生动物呼吸时，水中的重金属通过鳃进入血液，并被输送到身体各部位；其次，摄食过程中，重金属随着食物被摄入体内；最后，水生动物也能通过体表与水体的渗透作用，吸收重金属。特别是像牡蛎这样的滤食性生物，它们能通过体表的吸附作用富集水体中的重金属，这可能导致重金属含量超过安全标准[1,2]。镉等重金属在牡蛎体内一旦积累，由于无法被代谢排出，会在其组织中积累，从而严重影响牡蛎的食用安全性和市场价值。

为了评估牡蛎体内的重金属含量，需要对牡蛎样品进行前处理，将牡蛎中的重金属元素转移到待测液中。微波消解技术是一种广泛应用于食品分析的现代前处理方法[3-5]。具体而言，将装有样品和浓酸的聚四氟乙烯消解罐放置于微波消解仪内，利用微波产生的电场激发分子间的碰撞和摩擦，通过产生的热量加热罐内的酸和溶质。在该密封环境中，酸和样品发生氧化还原反应，释放大量热并生成气体，从而导致容器内压力显著增加[6,7]。这种高压环境提高了溶液的沸点、活性和氧化能力。作为一种高效的氧化剂，硝酸是微波消解法中最常用的酸，特别适合于痕量元素的分析检测。食品样品主要由有机物质构成，在微波消解过程中，会生成大量的硝酸的还原产物，如一氧化碳和一氧化氮。随着消解反应进行，消解罐内的压强迅速上升。例如，在标准大气压（$1.01 \times 10^5 Pa$）下，硝酸的沸点为120℃；而当压力增至 $5.05 \times 10^5 Pa$ 时，沸点可升至176℃，这进一步加速了食品样品的消解过程。对于难以消解的样品，在使用微波消解作为前处理手段时，需要精确控制酸的添加量。通过优化酸的用量，减少消解过程中产生的气体量，从而确保系统能够更迅速地降温和降压，提高实验的安全性和效率。

二、实验目标

（1）了解牡蛎等水产品中重金属镉的污染现状。
（2）了解以镉为代表的重金属在牡蛎中的富集机理。
（3）掌握牡蛎样品的微波消解方法和原理。

三、实验原理

镉（Cd）虽非生物体所必需的微量元素，但其在牡蛎等贝类中的平均含量却显著高于海域沉积物中的含量[8]。这种现象主要归因于镉与钙在地球理化性质上的相似性，特别是它们相近的离子半径。钙是海水中的主要阳离子之一，并且是生物体必需的重要元素。在海水环境中，所有的Cd^{2+}都有可能通过替代Ca^{2+}的方式进入贝类生物体内，尤其是主要成分为钙的贝壳。除此之外，通过食物链的摄取也是双壳类动物累积重金属的另一重要途径[9]。

四、实验器材

1. 仪器与设备

微波消解仪、超声水浴箱、高速组织捣碎机。

2. 材料与试剂

氯化镉、硝酸、容量瓶。

五、操作步骤

1. 牡蛎对Cd^{2+}的富集

在正式实验之前，将牡蛎洗刷干净，清除牡蛎壳上的附着物，筛选除去死贝。将牡蛎分为两组，每组25只，一组为Cd^{2+}暴露实验组（Cd^{2+}质量浓度0.5mg/L的海水），另一组为纯海水组作为对照，在自然光照和室温下进行Cd^{2+}的富集实验。每12h取三只牡蛎，然后更换一次同浓度的实验海水，以保持水体重金属浓度恒定，实验共进行48h。

2. 样品的消解预处理

将新鲜牡蛎剥壳取肉，用去离子水洗净并沥干，采用高速组织捣碎机处理，直至匀浆至糊状。称取0.5g牡蛎匀浆置于消解罐中，加入5mL硝酸后加盖密封，静置过夜，按照表7-1中的程序进行微波消解。待消解罐冷却至室温后，缓慢打开罐盖，用少量水冲洗内盖。将消解罐取出置于超声水浴箱中，超声5min。将消解罐内的液体转移至50mL容量瓶中，定容至刻度后混匀备用。同时进行空白实验。

表7-1　微波消解程序

步骤	控制温度 /℃	升温时间 /min	恒温时间 /min
1	120	5	5
2	150	5	10
3	190	5	20

六、实验结果

观察牡蛎样品的消化情况，若消化不完全，修改消解程序后重新进行。

七、实验关键点

（1）在 Cd^{2+} 的富集实验期间，用增氧机连续充氧，以保持实验期间海水中溶解氧充足。

（2）为避免残饵和粪便对牡蛎吸附 Cd^{2+} 的影响，实验期间不对牡蛎进行投喂。

八、实验讨论与反思

（1）Cd^{2+} 在牡蛎体内的富集原理是什么？

（2）除 Cd^{2+} 外，如果在牡蛎暴露实验组中再加入 Pb^{2+} 等金属离子，会对牡蛎富集 Cd^{2+} 造成影响吗？

九、拓展思考

样品的前处理方法除了微波消解法还有湿式消解法和压力罐消解，这几种方法各有什么优缺点？是否都适用于牡蛎样品的前处理？为什么？

实验 7-2　牡蛎中重金属镉含量的测定

一、背景知识

重金属含量的检测方法主要包括原子吸收光谱法（atomic absorption spectroscopy, AAS）、原子荧光光谱法（atomic fluorescence spectroscopy, AFS）以及电感耦合等离子体质谱法（inductively coupled plasma mass spectrometry, ICP-MS）等。其中，原子吸收光谱法因其高灵敏度、低检出限以及操作的简便性，成为食品中重金属元素检测的常用方法[10-13]。该方法基于样品中原子蒸气对特定谱线的吸光度差异进行定量分析，具体可以分为包括石墨炉原子吸收法和火焰原子吸收法。

石墨炉原子吸收光谱法通过将样品溶液引入石墨炉原子化器，利用电流加热促进原子化，从而进行吸光度分析。该方法原子化效率高，有效避免了原子浓度被稀释，因而具有更高的灵敏度和更低的检出限，特别适合痕量金属元素的测定[12,14]。在石墨炉升温程序中，灰化和原子化的设定温度非常关键。灰化旨在去除样品中的有机物质，为金属元素的原子化做准备。若灰化温度不足，有机物质可能残留；若温度过高，则可能导致待测金属元素的挥发损失。特别是对于低熔点、易激发且化学性质在空气中不稳定的金属，在测定时常需添加基体改进剂，如磷酸二氢铵和硝酸钯等，以提高灰化温度并保护金属元素不被挥发[15]。原子化是将样品中的金属元素从分子状态转化为自由原子状态的关键步骤。如果原子化温度不足，元素的原子化不彻底，将导致检测结果偏低并可能出现信号峰拖尾。而原子化温度过高，则可能导致出峰时间提前、峰形分叉，影响测定结果。

二、实验目标

（1）了解常用的重金属含量检测方法。
（2）掌握石墨炉原子吸收光谱法检测重金属镉的原理和操作步骤。

三、实验原理

如图7-1所示，石墨炉原子吸收光谱仪可以分为光源系统、石墨炉系统、色散系统以及数据处理系统四个部分。

（1）光源系统：中空阴极灯是石墨炉原子吸收光谱仪中的常用光源，由金属元素以及惰性气体组成。通过在放电电极间形成稳定的电弧来激发，从而发射出与待分析元素特征谱线相匹配的光谱。发射的光谱经过光学系统的重新聚焦后进入石墨炉系统。

（2）石墨炉系统：系统由石墨炉驱动器和石墨管构成，负责样品的预处理与进样。样品通过自动化进样系统注入石墨管，确保了实验的精确性和重复性。

（3）色散系统：该系统采用色散元件如光栅或棱镜，结合接收器，对光信号进行分散。色散元件依据波长将光谱分离，使得每种元素的谱线能够在不同位置被区分，而接收器则负责检测并记录相应的吸光度。

（4）数据处理系统：该部分主要分为吸光度测量和定量分析两个步骤。首先通过对比样品与标准溶液的吸光度，建立吸光度与浓度之间的关联。定量分析则依据建立的标准曲线计算并确定样品中金属元素的具体浓度。

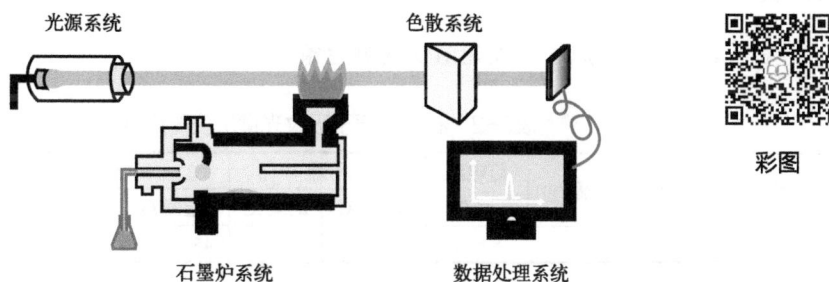

图7-1　石墨炉原子吸收光谱法原理

四、实验器材

1. 仪器与设备

原子吸收光谱仪。

2. 材料与试剂

硝酸、高氯酸、磷酸二氢铵、硝酸钯、氯化镉标准品、移液管。

五、操作步骤

1. 试剂配制

（1）硝酸溶液（5∶95）：量取 5mL 硝酸与 95mL 水，充分混匀。

（2）硝酸溶液（1∶9）：量取 10mL 硝酸与 90mL 水，充分混匀。

（3）磷酸二氢铵 - 硝酸钯混合溶液：准确称取 0.02g 硝酸钯溶解于少量硝酸溶液（1∶9）中，随后加入 2g 磷酸二氢铵，待其溶解后用硝酸溶液（5∶95）定容至 100mL，充分混匀。

2. 标准溶液配制

（1）100mg/L 的镉标准储备液：准确称取氯化镉 0.1631g，用少量硝酸溶液（1∶9）溶解后，转移至 1000mL 容量瓶中，加水至刻度，充分混匀。

（2）100μg/L 的镉标准中间液：准确吸取 1.00mL 质量浓度为 100mg/L 的镉标准储备液于 10mL 容量瓶中，加硝酸溶液（5∶95）至刻度，混匀。再准确吸取上述溶液 1.00mL 转移至 100mL 容量瓶中，加硝酸溶液（5∶95）至刻度，充分混匀。

（3）镉标准系列工作溶液：分别准确吸取 100μg/L 的镉标准中间液 0.00、0.20、0.50、1.00、2.00、4.00mL 于 100mL 容量瓶中，加硝酸溶液（5∶95）至刻度，充分混匀，得到镉质量浓度分别为 0.00、0.20、0.50、1.00、2.00、4.00μg/L 的系列溶液。

3. 仪器条件

参考表 7-2 设定原子吸收光谱仪的测定条件。

表7-2 石墨炉原子吸收光谱法仪器运行条件

元素	波长/nm	狭缝/nm	灯电流/mA	干燥		灰化		原子化	
				温度/℃	时间/s	温度/℃	时间/s	温度/℃	时间/s
镉	228.8	0.8	5～7	105	30	450～650	30	1500～2000	4～5

4. 标准曲线的制作

分别取 10μL 标准系列溶液（按质量浓度由低到高的顺序）和 5μL 磷酸二氢铵 - 硝酸钯混合溶液，将其同时注入石墨管，原子化后测定其吸光值。以镉的质量浓度为横坐标，吸光值为纵坐标，绘制标准曲线。

5. 试样的测定

吸取 10μL 试样消化液（或空白溶液）和 5μL 磷酸二氢铵 - 硝酸钯混合溶液，同时注入石墨管，原子化后测其吸光值。代入标准曲线计算待测液中镉的质量浓度，按照下式计算牡蛎中镉的含量。

$$X=\frac{(\rho-\rho_0)\times V}{m\times 1000}$$

式中，X 表示牡蛎试样中镉的含量，$\mu g/g$；ρ 表示试样消化液中镉的质量浓度，$\mu g/L$；ρ_0 表示空白溶液中镉的质量浓度，$\mu g/L$；V 表示试样消化液的定容体积，mL；m 表示牡蛎试样的质量，g。

六、实验结果

将实验结果填入表 7-3 中，并计算牡蛎试样中镉的含量。

表7-3 牡蛎试样中镉的含量

Cd^{2+} 富集时间 /h	ρ/($\mu g/L$)	ρ_0/($\mu g/L$)	V/mL	m/g	X/($\mu g/g$)
0					
12					
24					
36					
48					

七、实验关键点

（1）硝酸溶于水放热，因此配制硝酸溶液时要将硝酸缓慢加入到水中。

（2）镉标准系列工作溶液要临用现配。

（3）若测定结果超出标准曲线范围，可用硝酸溶液（5∶95）稀释后再重新测定。

（4）仪器操作运行前，要在"测定方法"处选定"石墨炉"，系统才会从"火焰法"切换至"石墨炉"。

八、实验讨论与反思

（1）牡蛎中镉的含量是否与 Cd^{2+} 富集时间成正比？为什么？

（2）检测所得到的信号峰是否存在拖尾或信号峰分叉等情况？如出现请分析原因并提出改进方案。

九、拓展思考

石墨炉原子吸收和火焰原子吸收有什么区别？可以用火焰原子吸收测定牡蛎中镉的含量吗？

实验 7-3　琥珀酸对牡蛎中镉的脱除效果

一、背景知识

目前，贝类重金属脱除技术主要分为活体贝类脱除和贝类蛋白酶解液脱除两个方向。蛋白酶解液技术可将贝类中的蛋白质分解为可溶性的氨基酸等小分子，从而在液态介质中对重金属进行脱除[16]。可被用于酶解液中重金属的脱除方法主要有壳聚糖吸附法、络合法、膜分离法和螯合树脂法等[17-19]。络合法以其选择性好、脱除率高的优势而用途广泛，其主要原理是利用特定的络合试剂与重金属离子接触，促使它们形成稳定的络合物，从而实现重金属的有效分离和脱除。常用的络合试剂主要有植酸、琥珀酸、柠檬酸以及乙二胺四乙酸（EDTA）[17-21]。利用有机酸对牡蛎中的镉进行提取后，还需要考虑后续提取液中重金属的脱除及脱重金属后提取液的再利用等步骤，旨在实现资源的高效利用和环境的可持续发展。

二、实验目标

（1）了解掌握琥珀酸脱除镉的原理。

（2）探究琥珀酸对牡蛎中镉的脱除效果。

三、实验原理

琥珀酸是一种天然有机酸，其分子结构中含有的两个羧基能够与金属离子发生较强的络合作用，生成稳定的螯合物。该反应不仅促进了重金属的萃取，也实现了将重金属从溶液中有效脱除。该项技术可以显著提高重金属脱除的效率和选择性，为食品安全和环境保护提供了有效的策略。

四、实验器材

1. 仪器与设备

原子吸收光谱仪、微波消解仪、超声水浴箱、高速组织捣碎机、恒温振荡器。

2. 材料与试剂

硝酸、琥珀酸、移液管、容量瓶、实验 7-1 中富集 Cd^{2+} 48h 后的牡蛎。

五、操作步骤

1. 琥珀酸脱除牡蛎中的镉

将新鲜牡蛎剥壳取肉，用去离子水洗净并沥干，采用高速组织捣碎机处理，直至匀浆至糊状。称取 0.5g 牡蛎匀浆，分别加入浓度为 0、0.05、0.10mol/L 的琥珀酸溶液，调节 pH 至 4，置于恒温振荡器上振荡浸提 2h，在 4000r/min 下离心 10min，弃上清液，收集残渣。

2. 残渣的消解预处理

将残渣转移至消解罐中，加入 5mL 硝酸后加盖密封，静置过夜，按照表 7-1 中的程序进行微波消解。待消解罐冷却至室温后，缓慢打开罐盖，用少量水冲洗内盖。将消解罐取出置于超声水浴箱中，超声 5min。将消解罐内的液体转移至 50mL 容量瓶中，定容至刻度后混匀备用。

3. 残渣中镉含量的测定

按照实验 7-2 中试样的方法对残渣中镉含量进行测定，按下列公式计算镉的脱除率：

$$Y = \frac{C_0 - C}{C_0}$$

式中，Y 表示牡蛎匀浆中镉的脱除率，%；C_0 表示牡蛎样品中镉的含量，mg/kg；C 表示残渣中镉的含量，mg/kg。

六、实验结果

将实验结果填入表 7-4 中，并计算不同浓度琥珀酸对牡蛎中重金属镉的脱除率。

表7-4　琥珀酸对牡蛎中镉的脱除效果

琥珀酸浓度 /(mol/L)	C_0/(mg/kg)	C/(mg/kg)	Y/%
0			
0.05			
0.10			

七、实验关键点

（1）微波消解仪在使用前需预热 30min。

（2）消解过程中，应密切关注仪器运行状态，确保消解过程顺利进行。

（3）消解完成后，仪器会自动停止运行。等待消解罐冷却至室温后再取出样品。

八、实验讨论与反思

（1）琥珀酸的浓度是否与牡蛎中镉的脱除效果成正比？继续加大琥珀酸浓度是否能够达到更好的脱除效果？为什么？

（2）除了琥珀酸浓度外，还有哪些因素可以控制以调节琥珀酸的脱除效果？请举例说明。

九、拓展思考

（1）除琥珀酸外，还有哪些有机酸可以用来脱除重金属镉？请举例并说明原因。如果将两种有机酸结合使用，脱除效果是否会更好？为什么？

（2）琥珀酸脱除牡蛎中的镉属于对贝类水解液的脱除技术，那么有无对活体贝类中重金属的脱除技术？请举例说明。

实验 7-4　牡蛎中粗蛋白含量的测定

一、背景知识

蛋白质是人体必需的营养素，它不仅可以为机体提供能量，还能参与渗透压的调节以及新陈代谢等关键生理功能[22]。食品中蛋白质含量的测定是评估食品营养价值和食品安全的关键技术[23]。我国现行国家标准提供了三种测定食品中蛋白质含量的方法：凯氏定氮法、分光光度法和燃烧法，这些方法均通过直接或间接测定氮含量来反映蛋白质含量[24]。由于蛋白质中的氮含量相对恒定，平均约为 16%，因此可以通过氮 - 蛋白质转换系数 6.25 来计算蛋白质含量[23,25]。

凯氏定氮法通过加热和催化剂将蛋白质分解，将氮转化为氨气，随后与硫酸反应生成硫酸铵，再通过蒸馏和滴定过程进行测定。尽管此法准确性高，但耗时长，操作复杂，且对环境有潜在污染[26,27]。分光光度法同样在催化加热条件下分解蛋白质，产生的氨气与硫酸反应生成硫酸铵后，在特定的 pH 条件下与乙酰丙酮和甲醛反应生成黄色的化合物。通过测定 400nm 波长下的吸光度并与标准曲线比较来定量蛋白质。此法虽快速，但易受溶液杂质影响。燃烧法通过在高温（900℃）下燃烧样品，产生的 CO_2、H_2O 和 N_2 被分离，通过热导检测器测量定量。此法操作简便，但耗材消耗快，成本较高[28]。综上所述，每种方法都有其优势和局限性，在实际应用中需根据具体情况选择合适的测定方法，以确保测定结果的准确性和可靠性。

二、实验目标

（1）掌握分光光度法测定粗蛋白含量原理和操作步骤。
（2）探究琥珀酸处理对牡蛎中粗蛋白含量的影响。
（3）掌握琥珀酸处理影响牡蛎中粗蛋白含量的原理。

三、实验原理

在催化加热的条件下，蛋白质分解释放出氨气，这些氨气随后与硫酸反应，形成硫酸铵。在 pH 值为 4.8 的乙酸钠 - 乙酸缓冲体系中，硫酸铵与乙酰丙酮及甲醛进行反应，生成黄色的 3,5- 二乙酰 -2,6- 二甲基 -1,4- 二氢化吡啶化合物。通过在 400nm 波长的光下测量该化合物的吸光度，可以与一系列已知浓度的标准样品进行比较，实现定量分析。最终，将测得的吸光度值乘以特定的换算系数，从而准确计算出样品中的蛋白质含量。

四、实验器材

1. 仪器与设备

天平、分光光度计、恒温水浴锅、烘箱。

2. 材料与试剂

氢氧化钠、对硝基苯酚指示剂、乙酸、无水乙酸钠、乙酰丙酮、37% 甲醛、硫酸铵、硫酸钾、硫酸铜、硫酸、移液管、容量瓶、定氮瓶、漏斗、石棉网、酒精灯、10mL 具塞比色管、比色皿。

五、操作步骤

1. 试剂配制

（1）300g/L 氢氧化钠溶液：称取氢氧化钠 15g，加适量水溶解，放冷后稀释至 50mL。
（2）1g/L 对硝基苯酚指示剂溶液：称取 0.01g 对硝基苯酚指示剂，加到 2mL 95% 乙醇中，待其完全溶解后加水稀释至 10mL。
（3）1mol/L 乙酸溶液：量取 2.9mL 乙酸，加水稀释至 50mL。
（4）1mol/L 乙酸钠溶液：称取 16.4g 无水乙酸钠，加适量水溶解后稀释至 200mL。
（5）乙酸钠 - 乙酸缓冲溶液：将 60mL 乙酸钠溶液与 40mL 乙酸溶液混合。
（6）显色剂：量取 7.8mL 乙酰丙酮与 15mL 甲醛混合，加水稀释至 100mL，混匀。
（7）氨氮标准储备溶液：将硫酸铵在 100℃的烘箱内干燥 3h，随后准确称取 0.4720g

干燥后的硫酸铵，加少量水溶解后转移至 100mL 容量瓶中，加水至刻度，充分混匀。

（8）0.1g/L 氨氮标准使用溶液：移取 10.00mL 氨氮标准储备液于 100mL 容量瓶内，加水至刻度，充分混匀。

2. 样品消解

称取牡蛎匀浆 1g（精准至 0.0001g）两份，一份直接测定，另一份按照实验 7-2 中琥珀酸脱除牡蛎中的镉方法处理，收集脱镉后的残渣进行测定。将样品分别转移至干燥的 100mL 定氮瓶中，加入 1g 硫酸钾、0.1g 硫酸铜和 5mL 硫酸，振荡摇匀。在瓶口放一个小漏斗，将定氮瓶倾斜 45°放置在石棉网上。先用微火加热，待泡沫消失并停止产生后，加强火力，保持瓶内液体保持微沸状态，至溶液呈现澄清透明的蓝绿色后，再继续加热使消化液微沸 30min。取下定氮瓶放冷，缓慢加入 20mL 水，待放冷后转移至 50mL 容量瓶中。用少量水冲洗定氮瓶，将洗液转移至容量瓶中，加水至刻度，充分摇匀。按照相同的步骤进行空白试验。

3. 样品溶液的制备

移取 3.00mL 试样或试剂空白消化液于 50mL 容量瓶内，加入 1 滴质量浓度为 1g/L 的对硝基苯酚指示剂溶液，振荡摇匀，随后滴加质量浓度为 300g/L 的氢氧化钠溶液中和至黄色，最后再滴加浓度为 1mol/L 的乙酸溶液至溶液无色，加水至刻度后充分混匀。

4. 标准曲线的绘制

吸取 0.00、0.05、0.10、0.20、0.40、0.60、0.80、1.00mL 质量浓度为 0.1g/L 的氨氮标准使用溶液，分别加入到 10mL 比色管中。随后加入乙酸钠 - 乙酸缓冲溶液和显色剂各 4mL，加水至刻度后混匀。在 100℃水浴中加热 15min，取出后用流动的自来水冲洗，冷却至室温后移入比色皿中，测定波长 400nm 处的吸光值，绘制标准曲线。

5. 样品测定

吸取 1.00mL 试样溶液和空白溶液，分别于 10mL 比色管中。加入乙酸钠 - 乙酸缓冲溶液和显色剂各 4.0mL，加水至刻度后混匀。在 100℃水浴中加热 15min，取出后用流动的自来水冲洗，冷却至室温后移入比色皿中，测定波长 400nm 处的吸光值，代入标准曲线中计算。最后，通过下式计算样品中的蛋白质含量，结果保留两位有效数字。

$$X = \frac{(C - C_0) \times V_1 \times V_3}{m \times V_2 \times V_4 \times 1000 \times 1000} \times 100 \times F$$

式中，X 表示样品中的蛋白质含量，g/100g；C 和 C_0 分别表示样品测定液和试剂空白测定液中氮的含量，μg；V_1 表示试样消化液的定容体积，mL；V_2 表示制备样品溶液的消化液体积，mL；V_3 表示样品溶液的总体积，mL；V_4 表示测定用的样品溶液体积，mL；m 表示样品的质量，g；F 表示氮换算为蛋白质的系数，按 6.25 计。

六、实验结果

计算牡蛎脱镉前后蛋白质的变化，填入表 7-5 中。

表7-5　牡蛎脱镉前后蛋白质的变化

组别	样品中蛋白质含量 /(g/100g)
琥珀酸脱镉前	
琥珀酸脱镉后	

七、实验关键点

（1）在样品消解过程中要随时转动烧瓶，使内壁黏着的物质全部流入烧瓶底部，以保证样品完全消解。

（2）在重复性条件下获得的两次独立测定结果的绝对差值不得超过算术平均值的 10%。

（3）操作有机试剂时要在通风橱内进行，佩戴手套和口罩。

八、实验讨论与反思

（1）样品消解时，为什么要在瓶口放一个小漏斗？

（2）定氮瓶为什么要倾斜 45°放置？如果平放会有什么影响？

（3）实验操作过程中，影响本实验准确性的因素有哪些？如何避免？

九、拓展思考

本方法与凯氏定氮法相比各有什么优缺点？除了本法和凯氏定氮法外，还有没有其他测定食物中蛋白质含量的方法？

实验 7-5　牡蛎中灰分含量的测定

一、背景知识

食品中的灰分含量测定是一项基础的食品分析技术，用于评估食品经过高温燃烧后所剩余的无机物质含量。灰分主要包括食品中的矿物质、金属元素、盐类和其他无机化合物，这些成分对人体健康具有重要影响，如钙、铁、锌等矿物质是人体必需的微量元素 [29]。灰分测定的结果不仅有助于了解食品的矿物质组成，也是评价食品加工过程中可能存在的营养损失的重要指标 [30]。传统的灰分测定方法需将食品样品在高温炉中燃烧至有机物完全氧化，剩余的灰烬经冷却、称重后，与原样品的质量比较，从而计算出灰分的含量 [31,32]。这一测定过程需在严格控制的条件下进行，以确保结果的准确性和可重复性。随着分析技术发展，现代的灰分测定方法通过自动化的灰化炉和高精度的分析仪器，以提高测定的效率和精确度 [33-35]。了解灰分含量对于食品配方的优化、营养价值的评估以及食品质量标准的制定都具有重要意义。

二、实验目标

（1）掌握灰分含量的测定方法和原理。

（2）探究琥珀酸处理对牡蛎中灰分含量的影响。

（3）掌握琥珀酸处理影响牡蛎中灰分含量的原理。

三、实验原理

灰分测定是一种通过高温燃烧样品以去除有机物质，再通过测量残留无机物质的质量来确定食品、药品、土壤等样品中无机成分含量的分析技术。在这一过程中，样品被置于高温炉中加热至 $500 \sim 600$℃，使得所有可燃的有机成分氧化燃烧，而无机盐类、矿物质和金属氧化物等不燃物质则作为灰烬残留下来。这些灰烬随后被收集、称重，并与原始样品的质量进行比较，以计算出样品中无机物质的比例。此外，所得灰分还可进一步化学分析，以识别具体的无机成分。

四、实验器材

1. 仪器与设备

分析天平、高温炉、恒温水浴锅、电热板。

2. 材料与试剂

乙酸镁、浓盐酸、石英坩埚（五个）、干燥器。

五、操作步骤

1. 试剂配制

（1）80g/L 乙酸镁溶液：称取 4.0g 乙酸镁，加水充分溶解后定容至 50mL，混匀。

（2）10%盐酸溶液：量取 24mL 浓盐酸，用去离子水稀释至 100mL。

2. 坩埚预处理

将石英坩埚置于高温炉中，在 550℃下灼烧 20min，冷却至 200℃左右时取出，放入干燥器中冷却 20min，准确称量，重复灼烧至恒重并记录。

3. 称样及测定

称取牡蛎匀浆 3 ~ 5g（精确至 0.0001g），一份直接测定，另一份按照实验 7-2 中琥珀酸脱除牡蛎中的镉方法处理，收集脱镉后的残渣进行测定。将两份样品分别均匀分布在坩埚内，注意不要压紧。在坩埚中加入 3.00mL 质量浓度为 80g/L 的乙酸镁溶液，使其完全润湿试样。润湿并放置 10min 后，在水浴上将样品的水分蒸干，随后在电热板上以小火加热使试样充分炭化至无烟。最后置于高温炉中，在 550℃下灼烧 4h，冷却至 200℃左右后取出，放入干燥器中冷却 20min。准确称量，重复灼烧至恒重。吸取 3.00mL 质量浓度为 80g/L 的乙酸镁溶液进行空白试验，重复 3 次。当 3 次试验结果的标准偏差小于 0.003g 时，取 3 次结果的算术平均值作为空白值。通过下式计算试样的灰分含量：

$$X = \frac{m_1 - m_2 - m_0}{m_3 - m_2} \times 100$$

式中，X 表示试样的灰分含量，g/100g；m_1 表示坩埚和灰分的质量，g；m_2 表示坩埚的质量，g；m_0 表示乙酸镁灼烧后生成物（氧化镁）的质量，g；m_3 表示坩埚和试样的质量，g。

六、实验结果

计算牡蛎脱镉前后灰分的变化，填入表 7-6 中。

表7-6　牡蛎脱镉前后灰分的变化

组别	样品中灰分含量 /(g/100g)
琥珀酸脱镉前	
琥珀酸脱镉后	

七、实验关键点

（1）重复灼烧，前后两次称量相差不超过 0.5mg 为恒重。

（2）若称量前发现灼烧的残渣中有炭粒，可加入几滴水使试样湿润、结块松散。然后重复蒸干水分和灼烧的步骤，直至坩埚中无炭粒。此时灰化完全，继续称量。

（3）若 3 次空白试验的标准偏差大于或等于 0.003g，需重做空白试验。

八、实验讨论与反思

（1）牡蛎脱镉前后灰分含量有什么变化？什么原因导致的？

（2）如果选用柠檬酸、植酸等其他有机酸脱镉，灰分含量会如何变化？如果选用树脂吸附法来脱除，灰分含量会发生变化吗？请解释其变化原理。

九、拓展思考

（1）灰分测定结果还有何意义？是否可以用来评定食品是否污染或掺假？如何判断？

（2）如何通过灰分含量的测定结果去进一步测定食品中矿物质的组成？请设计实验，说明会用到的仪器与设备、材料与试剂以及实验步骤。

实验 7-6　牡蛎脂肪酸组成的测定

一、背景知识

食品中的脂肪含量测定是食品分析和营养学中的一个关键环节，对于评估食品的营养价值、口感特性以及健康效应至关重要。脂肪不仅是人体能量的重要来源，还是必需脂肪酸和脂溶性维生素的载体。测定脂肪含量通常采用索氏抽提法、酸水解法和碱水解法等方法 [36-39]。索氏抽提法是一种经典的湿化学方法，通过有机溶剂提取食品中的脂肪，然后蒸发溶剂并称量残留脂肪的质量来确定含量 [40]。酸水解法则通过酸性条件水解样品，释放脂肪，适用于那些与蛋白质或碳水化合物结合紧密的脂肪 [41]。碱水解法采用无水乙醚和石油醚对样品进行碱（氨水）水解处理，适用于乳及乳制品、婴幼儿配方食品中脂肪的测定 [36]。这些方法各有优势，选择时需考虑样品特性、所需精度和实验条件。食品中脂肪含量的准确测定对于食品加工、质量控制、新产品开发以及满足法规要求和消费者需求都具有重要意义。

二、实验目标

（1）掌握索氏抽提法测定脂肪含量的原理和操作步骤。

（2）探究琥珀酸处理对牡蛎中脂肪含量的影响。

（3）掌握琥珀酸处理影响牡蛎中脂肪含量的原理。

三、实验原理

索氏抽提法测定脂肪含量的原理基于脂肪在有机溶剂中的溶解性，通过使用溶剂如乙醚和石油醚对样品进行连续抽提，将样品中的脂肪成分溶解并分离出来。在索氏抽提器中，样品被放置在抽提纸上并与溶剂接触，加热使得溶剂蒸发并穿过抽提柱，溶剂携带溶解的脂肪滴入接收瓶中。随着溶剂不断循环，几乎所有的可溶性脂肪都被提取到接收瓶中。当提取完成后，通过蒸发溶剂并称量残留的脂肪质量，即可根据原始样品的重量计算出脂肪含量。

四、实验器材

1. 仪器与设备

烘箱、恒温水浴锅、分析天平。

2. 材料与试剂

石英砂、脱脂棉、索氏抽提器、玻璃棒、接收瓶、蒸发皿、无水乙醚。

五、操作步骤

1. 样品处理

称取牡蛎匀浆 5g（精准至 0.001g）两份，一份直接测定，另一份按照第二节中琥珀酸脱除牡蛎中的镉方法处理，收集脱镉后的残渣进行测定。将两份样品分别置于蒸发皿中，加入 20g 石英砂，拌匀后在沸水浴上蒸干。随后将蒸发皿转移至烘箱中，在 95℃下干燥 1h。干燥后取出，研细后全部转入滤纸筒内。用沾有乙醚的脱脂棉将蒸发皿和粘有试样的玻璃棒擦拭干净，并将脱脂棉一起放入滤纸筒内。

2. 抽提

提前将接收瓶在烘箱内干燥至恒重。折叠滤纸筒，将折叠好的滤纸筒放入索氏抽提器的抽提筒内，将称量好的样品转入滤纸筒内，然后将抽提筒与接收瓶相连接。从索氏抽提器冷凝管的上端加入无水乙醚至接收瓶容积的 2/3，然后在水浴上加热，使无水乙醚不断回流抽提，抽提 6 ～ 10h，用磨砂玻璃棒接取一滴提取液，无油斑则表明提取结束。

3. 称量

将接收瓶取下，回收无水乙醚，当接收瓶内的无水乙醚剩余 1 ～ 2mL 时水浴加热，赶尽残余的溶剂。随后，在 100℃的烘箱中干燥 2h，取出后转入干燥器内冷却 30min 后称量。重复上述操作直至恒重（两次重量差小于 2mg）。按照下式计算样品中的脂肪含量：

$$X = \frac{m_2 - m_0}{m_1} \times 100$$

式中，X 表示样品中脂肪的含量，g/100g；m_0 和 m_1 分别表示接收瓶和样品的质量，g；m_2 表示恒重后接收瓶和脂肪的质量，g。

六、实验结果

计算牡蛎脱镉前后脂肪含量的变化，填入表 7-7 中。

表7-7 牡蛎脱镉前后脂肪含量的变化

组别	样品中脂肪含量 /(g/100g)
琥珀酸脱镉前	
琥珀酸脱镉后	

七、实验关键点

（1）严格控制样品研磨的粗细度。如果样品粉末过粗，脂肪不易抽提干净；如果试样粉末过细，则有可能透过滤纸孔隙随无水乙醚流失，影响测定结果。

（2）装样品的滤纸筒高度不要超过回流弯管。

（3）水浴温度不能过高。以每小时回流 6～8 次为宜。

（4）乙醚回收后，不可用火直接加热挥发，剩下的乙醚必须在水浴上彻底挥净，否则放入烘箱中有爆炸的危险。

（5）抽提所用的乙醚要求无水、无醇、无过氧化物。

八、实验讨论与反思

（1）若抽提体系中有水，会对实验结果造成什么影响？

（2）通过索氏提取法测得的脂肪是游离态还是结合态？为什么？

九、拓展思考

（1）除索氏抽提法外，还有哪些测定食品中脂肪含量的方法？各自有何优缺点？分别适用于什么类型的样品？

（2）索氏抽提法要求抽提溶剂中不得含有过氧化物，如何判断无水乙醚中有无过氧化物？

参考文献

[1] Dang T T, Vo T A, Duong M T, et al. Heavy metals in cultured oysters (*Saccostrea glomerata*) and clams (*Meretrix lyrata*) from the northern coastal area of Vietnam[J]. Marine Pollution Bulletin, 2022, 184: 114140.

[2] Luo L, Ke C, Guo X, et al. Metal accumulation and differentially expressed proteins in gill of oyster (*Crassostrea hongkongensis*) exposed to long-term heavy metal-contaminated estuary[J]. Fish & Shellfish Immunology, 2014, 38(2): 318-329.

[3] Ngah C W Z C W, Yahya M A. Optimisation of digestion method for determination of arsenic in shrimp paste sample using atomic absorption spectrometry[J]. Food Chemistry, 2012, 134(4): 2406-2410.

[4] Soares S, Moraes L M B, Rocha F R P, et al. Sample preparation and spectrometric methods for elemental analysis of milk and dairy products - A review[J]. Journal of Food Composition and Analysis, 2023, 115: 104942.

[5] Demirel S, Tuzen M, Saracoglu S, et al. Evaluation of various digestion procedures for trace element contents of some food materials[J]. Journal of Hazardous Materials, 2008, 152(3): 1020-1026.

[6] Erdoğan S, Erdemoğlu S B, Kaya S. Optimisation of microwave digestion for determination of Fe, Zn, Mn and Cu in various legumes by flame atomic absorption spectrometry[J]. Journal of the Science of Food and Agriculture, 2006, 86(2): 226-232.

[7] Zhang G. Determination of trace nickel in hydrogenated cottonseed oil by electrothermal atomic absorption spectrometry after microwave-assisted digestion[J]. Journal of Food Science, 2012, 77(1): T41-T43.

[8] Wu X, Xie L, Xu L, et al. Effects of sediment composition on cadmium bioaccumulation in the clam Meretrix meretrix Linnaeus[J]. Environmental Toxicology and Chemistry, 2013, 32(4): 841-847.

[9] 王丽丽, 夏斌, 陈碧鹃, 等. 虾夷扇贝对镉的蓄积和排放规律 [J]. 海洋环境科学, 2012, 31(2): 159-162.

[10] Mukherjee A G, Renu K, Gopalakrishnan A V, et al. Heavy metal and metalloid contamination in food and emerging technologies for its detection[J]. Sustainability, 2023, 15(2): 1195.

[11] Pasinszki T, Prasad S S, Krebsz M. Quantitative determination of heavy metal contaminants in edible soft tissue of clams, mussels, and oysters[J]. Environmental Monitoring and Assessment, 2023, 195(9): 1-40.

[12] Ibourki M, Hallouch O, Devkota K, et al. Elemental analysis in food: An overview[J]. Journal of Food Composition and Analysis, 2023, 120: 105330.

[13] Inobeme A, Mathew J T, Jatto E, et al. Recent advances in instrumental techniques for heavy metal quantification[J]. Environmental Monitoring and Assessment, 2023, 195(4): 452.

[14] El Hosry L, Sok N, Richa R, et al. Sample preparation and analytical techniques in the determination of trace elements in food: A review[J]. Foods, Multidisciplinary Digital Publishing Institute, 2023, 12(4): 895.

[15] Patriarca M, Barlow N, Cross A, et al. Atomic spectrometry update: Review of advances in the analysis of clinical and biological materials, foods and beverages[J]. Journal of Analytical Atomic Spectrometry, 2024, 39(3): 624-698.

[16] Venugopal V, Gopakumar K. Shellfish: Nutritive value, health benefits, and consumer safety[J]. Comprehensive Reviews in Food Science and Food Safety, 2017, 16(6): 1219-1242.

[17] Chu S, Feng X, Liu C, et al. Advances in chelating resins for adsorption of heavy metal ions[J]. Industrial & Engineering Chemistry Research, 2022, 61(31): 11309-11328.

[18] 李子琪, 孟倩, 孙凤清, 等. 壳聚糖及其衍生物脱除贝类中重金属的机理及应用研究进展 [J]. 食品与机械, 2016, 32(2): 188-192.

[19] Kim S-R, Park J Y, Park E Y. Effect of ethanol, phytic acid and citric acid treatment on the physicochemical and heavy metal adsorption properties of corn starch[J]. Food Chemistry, 2024, 431: 137167.

[20] 吕雪莲, 白新峰, 刘德亭, 等. 海参酶解液中重金属铬的脱除 [J]. 齐鲁工业大学学报, 2023, 37(4): 61-67.

[21] Fang Y, Liu X, Wu X, et al. Electrospun polyurethane/phytic acid nanofibrous membrane for high efficient removal of heavy metal ions[J]. Environmental Technology, 2021, 42(7): 1053-1060.

[22] Toldrá F, Mora L. Proteins and bioactive peptides in high protein content foods[J]. Foods, 2021, 10(6): 1186.

[23] Reinmuth-Selzle K, Tchipilov T, Backes A T, et al. Determination of the protein content of complex samples by aromatic amino acid analysis, liquid chromatography-UV absorbance, and colorimetry[J]. Analytical and Bioanalytical Chemistry, 2022, 414(15): 4457-4470.

[24] 王金灿. GB 5009.5-2016《食品安全国家标准 食品中蛋白质的测定》之 5.1 凯氏定氮法具体操作疑难解析 [J]. 食品安全导刊, 2018(30): 54-55.

[25] Huang L, Zhao J, Chen Q, et al. Nondestructive measurement of total volatile basic nitrogen (TVB-N) in pork meat by integrating near infrared spectroscopy, computer vision and electronic nose techniques[J]. Food Chemistry, 2014, 145: 228-236.

[26] Singh P, Singh R K, Song Q Q, et al. Methods for estimation of nitrogen components in plants and microorganism s[J]. Methods in Molecular Biology, 2020, 2 057: 103-112.

[27] Rizvi N B, Aleem S, Khan M R, et al. Quantitative estimation of protein in sprouts of Vigna radiate (mung beans), Lens culinaris (lentils), and Cicer arietinum (chickpeas) by Kjeldahl and Lowry Methods[J]. Molecules, 2022, 27(3): 814.

[28] Hayes M. Measuring protein content in food: An overview of methods[J]. Foods, 2020, 9(10): 1340.

[29] Wang X, Zhang J, Wu L et al. A mini-review of chemical composition and nutritional value of edible wild-grown mushroom from China[J]. Food Chemistry, 2014, 151: 279-285.

[30] Gressler V, Yokoya N S, Fujii M T, et al. Lipid, fatty acid, protein, amino acid and ash contents in four Brazilian red algae species[J]. Food Chemistry, 2010, 120(2): 585-590.

[31] Liu K. Characterization of ash in algae and other materials by determination of wet acid indigestible ash and microscopic examination[J]. Algal Research, 2017, 25: 307-321.

[32] Liu K. Effects of sample size, dry ashing temperature and duration on determination of ash content in algae and other biomass[J]. Algal Research, 2019, 40: 101486.

[33] Sezer B, Bilge G, Sanal T, et al. A novel method for ash analysis in wheat milling fractions by using laser-induced breakdown spectroscopy[J]. Journal of Cereal Science, 2017, 78: 33-38.

[34] Perring L, Tschopp A. Determination of ash content of milk-based powders by Energy Dispersive X-ray Fluorescence[J]. Microchemical Journal, 2019, 145: 162-167.

[35] Bilge G, Sezer B, Eseller K E, et al. Ash analysis of flour sample by using laser-induced breakdown spectroscopy[J]. Spectrochimica Acta Part B: Atomic Spectroscopy, 2016, 124: 74-78.

[36] 刘芳芳, 薛敏敏, 吴倩, 等. 含羧甲基纤维素钠的发酵乳中脂肪检测技术 [J]. 食品与机械, 2022, 38(5): 37-42, 86.

[37] Luque-García J L, Luque de Castro M D. Ultrasound-assisted soxhlet extraction: an expeditive approach for solid sample treatment: Application to the extraction of total fat from oleaginous seeds[J]. Journal of Chromatography A, 2004, 1034(1): 237-242.

[38] Simoneau C, Naudin C, Hannaert P, et al. Comparison of classical and alternative extraction methods for the quantitative extraction of fat

from plain chocolate and the subsequent application to the detection of added foreign fats to plain chocolate formulations[J]. Food Research International, 2000, 33(9): 733-741.

[39] 张俊浩, 冯会敏, 温雅婷, 等. 酸水解法与自动索氏抽提法测定人造奶油脂肪含量的差异研究和方法改进 [J]. 中国油脂, 2017, 42(5): 136-139.

[40] Virot M, Tomao V, Colnagui G, 等. New microwave-integrated soxhlet extraction: An advantageous tool for the extraction of lipids from food products[J]. Journal of Chromatography A, 2007, 1174(1): 138-144.

[41] Robinson J E, Singh R, Kays S E. Evaluation of an automated hydrolysis and extraction method for quantification of total fat, lipid classes and *trans* fat in cereal products[J]. Food Chemistry, 2008, 107(3): 1144-1150.

实验 **8**

农产品中有害物质检测及脱除——以黄曲霉毒素为例

实验 8-1　花生中黄曲霉毒素的提取和净化

一、背景知识

作为重要的植物油料，花生在全世界范围内被广泛种植 [1]。花生中含有丰富的蛋白质、脂肪、维生素和矿物质，可以改善机体免疫力、促进血液循环、降低胆固醇、抵抗心血管疾病，在食品加工领域有着可观的应用前景 [2]。然而，花生在采收过程中容易携带土壤中霉菌，种植和储藏期间也容易受到环境因素的影响发生霉变，从而导致花生受到黄曲霉毒素污染 [3,4]。

黄曲霉毒素是由黄曲霉和寄生曲霉等真菌产生的一类有毒的次生代谢物，具有剧毒性、致突变性、致癌性和致畸性 [5]。目前，已发现 20 多种黄曲霉毒素，它们的理化性质和化学结构十分相似。它们均难溶于水、乙醚和石油醚，易溶于甲醇、乙醇、氯仿、乙腈等有机溶剂，结构中都含有氧杂萘邻酮和双呋喃环 [6]。此外，黄曲霉毒素在紫外光照射下能产生荧光，根据荧光的颜色可以分为 B 族（蓝色）和 G 族（绿色）。其中，黄曲霉毒素 B_1 的毒性最强，是氰化物的 10 倍，砒霜的 68 倍 [7]。因此，加强对花生中黄曲霉毒素的检测及脱除研究显得迫切而必要。

黄曲霉毒素的提取方法主要有高速均质提取法、振荡提取法、超声提取法、高速搅拌提取法等 [8]。然而，花生成分较为复杂，含有蛋白质、脂质、矿物质、维生素、酚酸、植物甾醇、生物碱等化学成分。这些复杂的成分不仅会对黄曲霉毒素的提取和分离造成干扰，还容易导致基质效应、仪器与设备损坏等问题，给黄曲霉毒素的检测带来巨大挑战 [9]。为了提高检测灵敏度并消除基质干扰，使用富集纯化技术对黄曲霉毒素提取液进行净化至关重要。目前，常用的净化方法有免疫亲和层析法、固相萃取法、磁性固相萃取法、分子印迹法、免疫超滤法等 [10]。本实验选择乙腈 - 水溶液作为提取溶剂，采用振荡提取法提取花生中黄曲霉毒素，并通过免疫亲和层析法对黄曲霉毒素提取液进行净化，旨在提高黄曲霉毒素检测的准确性。

二、实验目标

（1）了解黄曲霉毒素的种类、来源及危害。
（2）掌握花生等固体样品中黄曲霉毒素的提取方法。
（3）了解黄曲霉毒素等真菌毒素的净化方法。
（4）掌握免疫亲和柱分离、纯化样品的原理和操作步骤。

三、实验原理

免疫亲和柱净化法是利用抗原、抗体之间高度特异性的亲和力进行分离的方法 [11]。黄曲霉毒素提取液流经含有黄曲霉毒素特异性抗体的免疫亲和柱，黄曲霉毒素吸附于免疫亲和柱，其他成分沿免疫亲和柱流下。随后，将洗涤液倒入免疫亲和柱，黄曲霉毒素与固定相之间具有较高的亲和力，不会被洗涤液冲走。而非目标成分与固定相之间的结合较弱，随着洗涤液沿免疫亲和柱流出，达到去除非目标成分的目的。最后，用洗脱液对免疫亲和柱进行洗脱，得到纯化后的黄曲霉毒素。该方法具有操作简便、回收率高、选择性好等优点[12]。

四、实验器材

1. 仪器与设备

电子天平、高速粉碎机、筛网（10目）、超声波清洗机、高速冷冻离心机、黄曲霉毒素免疫亲和柱、超纯水机、真空泵、氮吹仪、涡旋混合器、样品瓶、试管、离心管、注射器、称量纸、药匙、烧杯、容量瓶、玻璃棒、量筒、微孔滤膜（0.22μm）、移液枪、枪头。

2. 材料与试剂

新鲜花生、霉变花生、乙腈、甲醇。

五、操作步骤

1. 花生样品的制备

称取100g花生，用高速粉碎机将其粉碎，过10目筛，储存于样品瓶中，密封保存。

2. 黄曲霉毒素提取液

称取5g粉碎的花生样品，置于50mL离心管中，加入20mL体积比为21∶4的乙腈-水溶液，混匀后置于超声波清洗机中振荡20min，利用离心机以6000r/min离心10min，收集上清液（提取液）。

3. 黄曲霉毒素净化液

采用免疫亲和柱净化法对黄曲霉毒素进行净化。待免疫亲和柱内原有液体流尽后，将上述提取液移至50mL注射器中，以2mL/min的速度将提取液缓慢滴入免疫亲和柱。滴加完成后，向注射器中加入10mL超纯水，并以相同的流速对免疫亲和柱进行冲洗，重复2次。冲洗完毕后，用真空泵将亲和柱中的液体抽干，并弃去流出液。向亲和柱中加入1mL甲醇，并以2mL/min的速度进行洗脱，重复2次，收集洗脱液于5mL试管中。洗脱完成后，用真空泵抽干免疫亲和柱。在50℃条件下用氮气将洗脱液吹至接近干燥状态，加入体积比为1∶1的乙腈-甲醇溶液，定容至1mL。将溶液涡旋30s，以充分溶解并分散残留物质，过0.22μm微孔滤膜，收集滤液净化液，待测定。

六、实验结果

观察不同花生样品的提取液和净化液的颜色和澄清度，填入到表 8-1 中。

表8-1　不同花生样品的黄曲霉毒素提取液和黄曲霉毒素净化液的颜色和澄清度

样品	提取液	净化液
新鲜花生		
霉变花生		

七、实验关键点

（1）免疫亲和柱在 4 ～ 8℃的环境下保存，使用前需将其恢复至室温。

（2）在实验进行的全部阶段，操作人员需严格遵循高毒性物质的安全操作规则，采取适当的防护措施，以确保个人安全。

八、实验讨论与反思

（1）黄曲霉毒素提取液中可能含有什么杂质？为什么要对提取液进行净化？

（2）提取液颜色深浅和黄曲霉毒素含量有关吗？为什么？

九、拓展思考

（1）不同样品中黄曲霉毒素的提取方法一致吗？液体样品（如牛奶、油脂、酱油）中的黄曲霉毒素应如何提取？

（2）黄曲霉毒素等真菌毒素的净化方法还有哪些？各自有何优缺点？

实验 8-2　高效液相色谱法测定黄曲霉毒素含量

一、背景知识

黄曲霉毒素的检测方法主要包括高效液相色谱法、酶联免疫吸附筛查法、薄层色谱法等、胶体金免疫层析法 [8]。高效液相色谱法是指通过各组分与色谱柱固定相发生吸附作用的强弱，将流动相中不同组分进行分离，实现黄曲霉毒素定性、定量分析的方法。该方法具有分离度高、稳定性好、灵敏度高、准确可靠等优点，在食品真菌毒素检测领域被广泛使用 [10,13]。本实验采用高效液相色谱 - 柱后光化学衍生法测定黄曲霉毒素含量，旨在为花生中黄曲霉毒的素检测提供参考。

二、实验目标

（1）掌握高效液相色谱仪的操作与使用。

（2）掌握高效液相色谱法测定黄曲霉毒素的原理。

三、实验原理

高效液相色谱 - 柱后光化学衍生法是黄曲霉毒素常用的检测方法之一，其测定原理是在高效液相色谱仪上添加柱后衍生系统分离，再通过荧光检测器测定黄曲霉毒素含量[14]。荧光检测器的工作原理是利用紫外光照射待测溶液，待测物质吸收能量发出荧光，通过光电转换器测定荧光产生的能量，从而实现对待测物质的定量分析[15,16]。其中，激发波长和发射波长是荧光检测的重要参数。选择合适的激发波长和发射波长，可以较大程度地提高黄曲霉毒素检测的灵敏度和准确性。

黄曲霉毒素 B_1 具有较强的荧光性，在波长为 365nm 的紫外光下可以发出蓝色荧光。因此，测定黄曲霉毒素 B_1 含量时激发波长通常选择 365nm。然而，黄曲霉毒素 B_1 与水接触后，容易发生荧光淬灭现象，导致其荧光性基本消失，难以通过液相色谱的荧光检测器检测出来[17]。因此，需要通过柱后衍生化方法来增强黄曲霉毒素 B_1 的荧光性。其中，光化学衍生器不需任何化学试剂、不需人员直接操作，极大地避免了衍生液腐蚀检测器、人员操作误差等问题，成为高效液相色谱 - 柱后衍生法的首选[18]。

四、实验器材

1. 仪器与设备

电子天平、超纯水机、高效液相色谱仪（配荧光检测器）、冰箱、试剂瓶、称量纸、药匙、烧杯、容量瓶、玻璃棒、量筒、移液枪、枪头。

2. 材料与试剂

实验 8-1 提取的黄曲霉毒素净化液、黄曲霉毒素 B_1 标准品、乙腈、甲醇。

五、操作步骤

1. 黄曲霉毒素B₁标准溶液的配制

称取 1mg 黄曲霉毒素 B_1 标准品，用乙腈溶解并定容至 100mL，配制质量浓度为 10μg/mL 的黄曲霉毒素 B_1 标准储备液，转移至试剂瓶中，在 −20℃下避光保存，备用。

分别移取 1、5、20、50、100、200、4000μL 黄曲霉毒素 B_1 标准储备液，用体积比为 1：1 的乙腈 - 甲醇溶液定容至 100mL，配制质量浓度为 0.1、0.5、2.0、5.0、10.0、20.0、40.0ng/mL 的黄曲霉毒素 B_1 标准溶液。

2. 高效液相色谱−柱后光化学衍生法条件

Syncronis C_{18} 色谱柱（100mm×2.1mm×1.7μm）。柱温：40℃。流动相：A 相为水，B 相为体积比为 1：1 的乙腈 - 甲醇溶液。等梯度洗脱条件：A 相为 65%，B 相为 35%。流速：0.3mL/min。进样量：10μL。荧光检测器：激发波长为 365nm，发射波长为 425nm。

3. 黄曲霉毒素B₁标准曲线的绘制

取不同浓度的黄曲霉毒素 B_1 标准溶液依次进样检测，以峰面积为纵坐标，浓度为横坐标，绘制黄曲霉毒素 B_1 标准曲线，并得到回归方程。

4. 花生中黄曲霉毒素B₁含量的测定

取两种黄曲霉毒素 B_1 净化液液依次进样检测，将得到的峰面积代入到标准曲线回归方程中，计算各自对应的黄曲霉毒素 B_1 浓度。按下列公式计算花生中黄曲霉毒素 B_1 含量。

$$黄曲霉毒素B_1含量 = \frac{\rho \times V_1 \times V_3}{V_2 \times m}$$

式中：ρ 为进样溶液中黄曲霉毒素 B_1 的浓度，ng/mL；V_1 为提取花生中黄曲霉毒素 B_1 所用的提取液体积，mL；V_2 为经免疫亲和柱净化的提取液体积，mL；V_3 为经免疫亲和柱净化后的定容体积，mL；m 为花生样品的质量，g。

六、实验结果

绘制黄曲霉毒素 B_1 标准曲线，并计算不同成花生样品中黄曲霉毒素 B_1 含量，填入到表 8-2 中。

表8-2　高效液相色谱法测定花生中黄曲霉毒素B₁含量

指标	新鲜花生	霉变花生
黄曲霉毒素 B_1 含量 /(ng/g)		

七、实验关键点

（1）黄曲霉毒素标准溶液现用现配。若提前配置应在 −20℃ 下避光保存，并在临用前进行浓度校准。

（2）标准曲线的相关系数 R^2 应大于 0.99，以确保数据的准确性和可靠性。

（3）待测液中黄曲霉毒素浓度应在标准曲线的线性范围内。如果浓度超过线性范围，应对待测液进行稀释，重新进样分析。

八、实验讨论与反思

（1）为什么选择荧光检测器来测定黄曲霉毒素含量，而不用紫外 - 可见光检测器？它们之间有何区别？

（2）测定黄曲霉毒素 G 族含量时，荧光检测器的激发波长和发射波长也是 365nm 和 425nm 吗？为什么？

九、拓展思考

（1）采用高效液相色谱仪测定黄曲霉毒素含量时，为什么要对标准溶液进行衍生？

（2）高效液相色谱仪荧光检测器中发射波长和激发波长分别代表什么？如何选择？

（3）采用高效液相色谱 - 柱后衍生法测定黄曲霉毒素含量时，除了光化学衍生法，还有哪些衍生方法？各自适用范围有何区别？

实验 8-3　酶联免疫吸附筛查法测定黄曲霉毒素含量

一、背景知识

食品中真菌毒素检测常用的方法有高效液相色谱法、酶联免疫吸附筛查法、薄层色谱法等[10]。然而，高效液相色谱法存在样品前处理复杂、分析时间长、设备昂贵等缺点，不利于企业的大批量检测[19]。酶联免疫吸附筛查法是指通过酶与抗原或抗体发生特异性结合，从而实现对真菌毒素快速测定的方法[20]。与高效液相色谱法相比，该测定方法不需要专用的大型设备、对操作人员的技术要求不高、对样品前处理要求较低[21,22]。此外，该测定方法还具有反应特异性强、灵敏度高、成本低等优点，已经成为黄曲霉毒素定量检测的首选[23]。本实验采用酶联免疫吸附筛查法测定黄曲霉毒素含量，旨在为黄曲霉毒素的检测提供更多参考依据。

二、实验目标

（1）掌握酶标仪的测定原理和操作方法。

（2）掌握酶联免疫吸附筛查法测定黄曲霉毒素的原理。

三、实验原理

酶联免疫吸附筛查法测定黄曲霉毒素含量的原理基于抗原与抗体之间的可逆性结合 [13,24-26]。酶联免疫吸附筛查法包括直接法、间接法、双抗夹心法、抗原竞争法等。黄曲霉毒素属于小分子化合物，通常使用竞争性酶联免疫吸附法进行测定，其反应机理如图 8-1 所示。将待测样品和黄曲霉毒素 B_1 抗体同时加入到包被有黄曲霉毒素 B_1 抗原的酶标微孔中。如果待测样品中不含有游离的黄曲霉毒素 B_1，则抗体会倾向于与包被抗原发生特异性结合，形成包被抗原 - 抗体复合物。如果待测样品中含有游离的黄曲霉毒素 B_1，会触发竞争机制，即游离的黄曲霉毒素 B_1 会与包被抗原共同竞争黄曲霉毒素 B_1 特异性抗体的结合位点。其中，成功与包被抗原结合的抗体被固定在酶标板上，而与游离的黄曲霉毒素 B_1 结合的抗体在后续的洗涤步骤中被除去。然后，向酶标微孔中加入显色剂进行显色。一般来说，样品中含有游离的黄曲霉毒素 B_1 浓度越高，与酶标板上包被抗原结合的黄曲霉毒素 B_1 抗体数量越少，显色反应得到的颜色越浅。最后，加入无机酸终止显色反应，并将最终产物在波长为 425nm 的可见光下测定吸光度值。样品中的黄曲霉毒素 B_1 与吸光度值在一定浓度范围内呈反比。

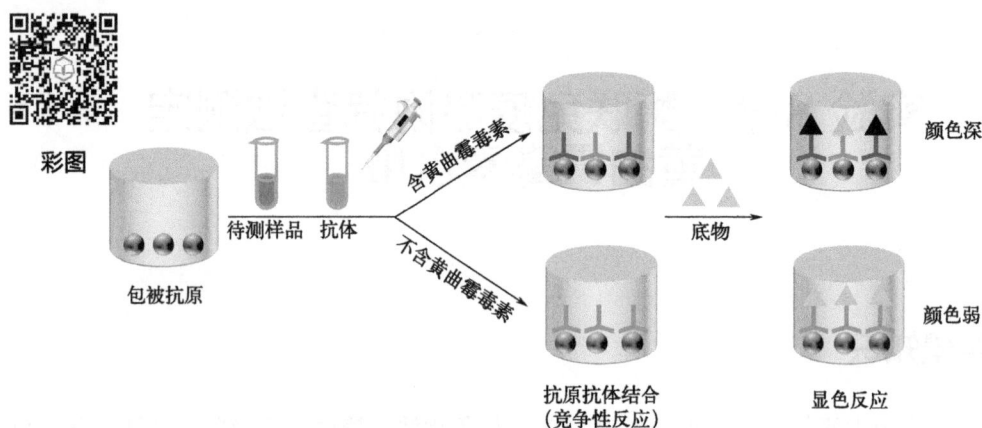

图 8-1 酶联免疫吸附筛查法测定黄曲霉毒素的反应原理

四、实验器材

1. 仪器与设备

电子天平、超纯水机、酶标仪、振荡器、试剂瓶、试管、称量纸、药匙、烧杯、容量瓶、玻璃棒、量筒、移液枪、枪头。

2. 材料与试剂

实验 8-1 提取的黄曲霉毒素净化液、实验 8-2 配制的黄曲霉毒素 B_1 标准溶液、黄曲霉毒素 B_1 酶联免疫分析试剂盒。

五、操作步骤

1. 样品准备

将黄曲霉毒素 B_1 酶联免疫分析试剂盒从冰箱中取出，置于室温下平衡 30min。取 1.5mL 酶标稀释液，加入到冻干酶标抗体中，制备酶标抗体溶液。向酶标板的每个孔中加入 250μL 洗涤液，清洗抗原板条，将孔内液体甩干，在吸水纸上拍干，重复 2 次。

2. 抗原抗体反应

取 50μL 黄曲霉毒素净化液和质量浓度为 0.1、0.5、2.0、5.0、10.0、20.0、40.0ng/mL 的黄曲霉毒素 B_1 标准溶液分别加入到酶标板中，再加入 50μL 酶标抗体溶液，振荡混匀，在 25℃下避光孵育 30min。

3. 显色反应

将孵育后的酶标板取出，弃去未反应的抗体溶液。每个孔中加入 250μL 洗涤液，清洗抗原板条，将孔内液体甩干，在吸水纸上拍干，重复 5 次。拍干后各孔中分别加入 50μL 底物液和 50μL 显色剂，在 37℃下显色 15min。显色反应结束后，向各孔中分别加入 50μL 终止液，振荡混匀。

4. 黄曲霉毒素B_1测定

用酶标仪在 450nm 波长处测定各孔的吸光度值，并绘制黄曲霉毒素 B_1 标准曲线。将得到的吸光度值代入到标准曲线回归方程中，计算出各自对应的黄曲霉毒素 B_1 浓度。按以下公式计算样品中黄曲霉毒素 B_1 含量。

$$黄曲霉毒素B_1含量 = \frac{c \times V_1 \times V_3}{V_2 \times m}$$

式中，c 为待测样液中黄曲霉毒素 B_1 的浓度，ng/mL；V_1 为提取花生中黄曲霉毒素 B_1 所用的提取液体积，mL；V_2 为经免疫亲和柱净化的提取液体积，mL；V_3 为经免疫亲和柱净化后的定容体积，mL；m 为花生样品的质量，g。

六、实验结果

绘制黄曲霉毒素 B_1 标准曲线，并计算不同成花生样品中黄曲霉毒素 B_1 含量，填入到表 8-3 中。

表8-3 酶联免疫吸附筛查法测定花生中黄曲霉毒素B_1含量

指标	新鲜花生	霉变花生
黄曲霉毒素 B_1 含量 /(ng/g)		

七、实验关键点

（1）黄曲霉毒素 B_1 酶联免疫分析试剂盒应置于冰箱保存，测定前从冰箱中取出，平衡至室温再进行测定。

（2）酶联免疫吸附筛查法测定黄曲霉毒素含量时，每种液体试剂使用前均需摇匀，以确保实验结果的准确性。

（3）样品净化液中甲醇含量为50%，容易导致显色反应的颜色变化不明显，造成假阳性结果，测定前需用样品稀释液对净化液进行稀释。

八、实验讨论与反思

（1）酶联免疫吸附筛查法测定的黄曲霉毒素 B_1 含量与高效液相色谱法一致吗？有无显著性差异？如果存在显著性差异，请分析原因。

（2）黄曲霉毒素的测定方法还有哪些？各自有何优缺点？

九、拓展思考

（1）酶联免疫吸附筛查法可以分为哪些类型？它们的测定原理有何区别？各自有何优缺点？

（2）如何评价不同黄曲霉毒素测定方法的可行性？可以通过测定哪些指标来评价？

实验 8-4　不同检测方法下黄曲霉毒素回收率的对比分析

一、背景知识

对于黄曲霉毒素 B_1 的检测而言，每种方法都有其独特的优点和适用范围，可以根据不同需求选择不同检测方法 [27]。加标回收率是评价待测样品在分析测定过程中损失程度的关键指标，可以反应该测定方法是否适合被测基体，确保数据的准确性和可靠性 [10,18]。一般来说，待测样品损失越少，加标回收率越高，该测定方法的准确度越好。本实验通过比较高效液相色谱法和酶联免疫吸附筛查法在回收率方面的差异性，评价两种黄曲霉毒素测定方法的准确度，旨在为黄曲霉毒素检测方法的选择提供参考。

二、实验目标

（1）探究不同测定方法对黄曲霉毒素回收率的影响。

（2）理解回收率实验在测定样品含量过程中的意义。

三、实验原理

加标回收率是指在不含待测物质的样品基质中，人为添加已知量的标准品，遵循既定的样品处理流程进行操作与检测，获得的测量值与添加标准品的理论含量的比值。加标回收实验包括空白加标回收实验和样品加标回收实验。样品加标回收实验是指取两份相同的样品，其中一份加入定量的待测成分标准物质，两份同时按相同的步骤进行分析，加标所得的结果减去未加标所得的结果，其差值同加入标准物质的理论值之比即为样品加标回收率 [28,29]。

四、实验器材

1. 仪器与设备

电子天平、超纯水机、高效液相色谱仪（配荧光检测器）、冰箱、酶标仪、振荡器、试剂瓶、称量纸、药匙、烧杯、容量瓶、玻璃棒、量筒、移液枪、枪头。

2. 材料与试剂

实验 8-1 提取的黄曲霉毒素净化液、黄曲霉毒素 B_1 酶联免疫分析试剂盒、乙腈、甲醇。

五、操作步骤

称取 5.0g 花生样品，加入黄曲霉毒素 B_1 标准溶液，使花生中黄曲霉毒素 B_1 浓度为 5.0、10.0、20.0、30.0μg/kg。按照高效液相色谱法和酶联免疫吸附筛查法分别测定黄曲霉毒素 B_1 的回收率，每个浓度平行测定 3 次。按下列公式计算黄曲霉毒素 B_1 的回收率：

$$回收率=\frac{加标样品测定值-未加标样品测定值}{标准样品加入量}$$

六、实验结果

计算不同测定方法的黄曲霉毒素 B_1 回收率，填入到表 8-4 中。

表8-4　不同测定方法的黄曲霉毒素B₁回收率

加标量 /(μg/kg)	回收率 /%	
	高效液相色谱法	酶联免疫吸附筛查法
5.0		
10.0		
20.0		
30.0		

七、实验关键点

（1）为了保证实验结果的精密度和重复性，每个浓度应平行测定 3 次。

（2）黄曲霉毒素 B_1 加标量应控制在校准曲线的浓度范围内，且加标后的测定值不应超出该方法测定上限的 90%。

八、实验讨论与反思

（1）测定黄曲霉毒素 B_1 回收率时，加标量会对回收率造成影响吗？有何影响？

（2）高效液相色谱法和酶联免疫吸附筛查法哪种方法的测定效果更好？如何判断？

九、拓展思考

（1）测定黄曲霉毒素 B_1 含量时，为什么要进行回收率实验？

（2）在进行加标回收率实验时，加标量应如何选择？需要遵循什么原则？

实验 8-5　不同黄曲霉毒素脱毒技术的脱毒效果评价

一、背景知识

黄曲霉毒素污染可能发生在花生的生长、收获、贮藏和加工等阶段，已成为花生的重大安全问题之一 [30]。目前，控制黄曲霉毒素污染的方法包括最佳时间采收、及时干燥处理以及良好条件贮藏。然而，这些农业操作和贮藏方法并不能完全控制黄曲霉毒素污染 [31]。因此，在收获后采取其他方法对花生进行脱毒显得尤为重要。食品中黄曲霉毒素的脱除方法主要包括物理法（吸附法、辐照法、高温法等）和化学法（碱炼法、臭氧处理法、有机酸处理法等）[32]。辐照法是黄曲霉毒素最常用的脱除方法。微波、紫外线、γ 射线、电子束辐照等均能有效破坏黄曲霉毒素结构，达到脱毒的效果[33]。有机酸处理法作为另一种被广泛应用的黄曲霉毒素脱毒方法，可以克服大部分化学法存在的缺陷，如处理条件难以实现、容易产生小分子毒性物质、破坏食品营养成分等[34]。研究发现，柠檬酸处理不仅可以有效脱毒，还能最大程度地减少黄曲霉毒素 B_1 的诱变和致癌活性。本实验采用微波处理和柠檬酸处理对花生中黄曲霉毒素进行脱除，通过高效液相色谱法测定黄曲霉毒素的脱除率，探究不同脱毒技术对黄曲霉毒素脱毒效果的影响。

二、实验目标

（1）了解常用的黄曲霉毒素脱除技术。
（2）掌握柠檬酸、微波处理脱除黄曲霉毒素的基本原理。
（3）探究不同脱毒技术对黄曲霉毒素脱毒效果的影响。

三、实验原理

在酸性条件下，黄曲霉毒素 B_1 形成 β- 酮酸结构，内酯环被打开，生成黄曲霉毒素 D_1。黄曲霉毒素 D_1 虽然保留了双呋喃结构，但是缺乏黄曲霉毒素 B_1 特有的内酯羰基和环戊烯酮环，毒性和诱变性远低于黄曲霉毒素 B_1，从而达到了脱毒的效果[35,36]。

微波作为一种频率介于 300MHz ～ 300GHz 的电磁波，被广泛用于食品的杀菌处理。微波处理脱除黄曲霉毒素的机理是在高能射线作用下，食品中水分子随着入射场的变化不断变换方向，使得黄曲霉毒素 B_1 的结构遭到破坏，转换成毒性较低的中间产物，从而实现黄曲霉毒素的脱除[37]。

四、实验器材

1. 仪器与设备

电子天平、摇床、微波消解仪、电热鼓风干燥箱、超纯水机、高速粉碎机、筛网（10目）、超声波清洗机、高速冷冻离心机、黄曲霉毒素免疫亲和柱、超纯水机、真空泵、氮吹仪、涡旋混合器、高效液相色谱仪（配荧光检测器）、样品瓶、试管、离心管、注射器、试剂瓶、称量纸、药匙、烧杯、容量瓶、玻璃棒、量筒、移液枪、枪头。

2. 材料与试剂

霉变花生、柠檬酸、乙腈、甲醇。

五、操作步骤

1. 柠檬酸处理

称取 20g 霉变花生，置于 1L 烧瓶中，以液料比 5∶1 添加质量浓度为 80g/L 的柠檬酸溶液，振荡 30min 后沥干，置于电热鼓风干燥箱中干燥 48h。

2. 微波处理

称取 20g 霉变花生，置于微波消解仪上，在功率为 1600W，温度为 140℃ 的条件下微波处理 10min。

3. 黄曲霉毒素B_1含量测定

采用高效液相色谱法对脱毒处理后的花生进行黄曲霉毒素 B_1 含量测定，具体操作步骤参考实验 8-1 和实验 8-2。

4. 脱除率测定

按以下公式计算黄曲霉毒素 B_1 的脱除率：

$$脱除率 = \frac{黄曲霉毒素B_1含量 - 脱毒处理后黄曲霉毒素B_1含量}{黄曲霉毒素B_1含量}$$

六、实验结果

计算不同脱毒技术处理的花生中黄曲霉毒素 B_1 含量和脱除率，填入到表 8-5 中。

表8-5　不同脱毒技术对花生中黄曲霉毒素B_1的脱毒效果

指标	柠檬酸处理	微波处理
黄曲霉毒素 B_1 含量 /(μg/kg)		
脱除率 /%		

七、实验关键点

（1）测定其黄曲霉毒素含量前，需要对柠檬酸处理后的花生进行烘干。

（2）微波处理过程中应严格控制功率和时间，以免功率过高导致热量不易散出，使得降解体系的温度升高过快，破坏花生的品质。

八、实验讨论与反思

（1）黄曲霉毒素在中性、弱酸性溶液中稳定，在强酸性溶液中稍微分解。柠檬酸可以脱除花生中黄曲霉毒素吗？脱毒原理是什么？

（2）柠檬酸处理和微波处理哪种脱毒技术更适用于花生中黄曲霉毒素的脱除？这两种处理技术是否会对花生的品质造成不利影响？

九、拓展思考

（1）黄曲霉毒素的脱除方法还有哪些？各自有何优缺点？
（2）不同种类食品中黄曲霉毒素的脱毒方法一致吗？花生油选取哪种脱毒方法效果更好？

实验 8-6　不同脱毒技术处理下花生的品质评价

一、背景知识

　　理想的脱毒方法应具备以下条件[38-40]：①毒素活性受到抑制、去除或破坏；②不产生其他有毒中间产物；③保持食品的营养价值。因此，选择合适的脱毒技术使其在脱除花生中黄曲霉毒素的同时，保持花生的营养品质成为一个值得探索的领域。含油率和酸价是衡量油用花生的关键理化指标，可以反映花生品质的优劣[41]。含油率是指花生中所含油脂的质量占花生总重量的百分率。一般来说，含油率越高，油用花生的使用价值越高。酸价是指食用油中游离脂肪酸的含量，以每克食用油消耗氢氧化钾的毫克数来表示。一般来说，酸价越小，花生中油脂的新鲜度和精炼程度越好。本实验通过测定微波处理和柠檬酸处理的花生油的酸价和过氧化值，探究不同脱毒技术对花生油品质的影响。

二、实验目标

（1）了解评价花生油品质的常见指标。
（2）掌握酸价和过氧化值的测定原理与方法。
（3）探究不同脱毒技术对花生油品质的影响。

三、实验原理

　　食品中脂肪的测定方法包括索氏抽提法、酸水解法、碱水解法、盖勃法。索氏抽提法是测定植物油料含油量的最常用方法，其测定原理主要基于脂肪易溶于有机溶剂的特性。用正己烷或石油醚作溶剂，使用索氏抽提器对花生进行抽提，抽提结束后蒸发除去溶剂，得到样品中的脂肪含量，最后通过提取物占原始样品的质量分数计算花生的含油率。
　　食品中酸价的测定方法包括冷溶剂指示剂滴定法、冷溶剂自动电位滴定法和热乙醇指示剂滴定法。冷溶剂指示剂滴定法作为最常用的测定方法，其测定原理主要基于酸碱中和原理。将粉碎后的花生加入到索氏抽提器中，用石油醚作溶剂提取花生中的液体油脂。用乙醚 - 异丙醇混合液将液体油脂溶解成样品溶液，再用氢氧化钾标准滴定溶液中和样品溶液中的游离脂肪酸，以指示剂的颜色变化来判定滴定终点，最后通过消耗的标准滴定溶液体积计算花生的酸价[42]。花生在微波热处理过程中，极易发生氧化分解反应，氧化产物会进一步分解成低级脂肪酸、醛、酮等小分子物质，使得花生中的油脂发生酸败，酸价升高[43,44]。

四、实验器材

1. 仪器与设备

电子天平、高速粉碎机、筛网（10 目）、索氏抽提器、旋转蒸发仪、水浴锅、滴定管、锥形瓶、样品瓶、试管、称量纸、药匙、烧杯、容量瓶、玻璃棒、量筒、移液枪、枪头。

2. 材料与试剂

实验 8-5 中脱毒处理后的花生、氢氧化钾、乙醚、异丙醇、酚酞。

五、操作步骤

1. 试剂配制

（1）氢氧化钾标准滴定溶液：称取 1.4g 氢氧化钾，加水溶解，冷却后转移至 250mL 容量瓶中，配制浓度为 0.1mol/L 的氢氧化钾标准滴定溶液。

（2）乙醚 - 异丙醇混合液：将乙醚与异丙醇以 1：1 的体积比混合，现用现配。

（3）酚酞指示剂：称取 1g 酚酞，溶解于 100mL 95% 乙醇，配制质量浓度为 10g/L 的酚酞指示剂。

2. 花生样品的制备

称取 100g 脱毒处理后的花生，用高速粉碎机将其粉碎，过 10 目筛，储存于样品瓶中，密封保存。

3. 含油率

称取 5g 花生样品，置于折叠好的滤纸筒中，放入索氏抽提器的抽提筒内。从索氏抽提器冷凝管的上端加入石油醚至接收瓶容积的 2/3，在水浴上加热 6h，使石油醚不断回流抽提。用磨砂玻璃棒接取 1 滴提取液。无油斑表明提取结束。取下接收瓶，采用旋转蒸发仪回收无水乙醚，当接收瓶内的无水乙醚剩余 1～2mL 时水浴加热。在 100℃的烘箱中干燥 1h，置于干燥器内冷却 30min 后称量。按照下列公式计算花生的含油率。

$$含油率=\frac{m_1-m_0}{m_2}$$

式中，m_0 为接收瓶的质量；m_1 为恒重后接收瓶和脂肪的质量，g；m_2 表为样品的质量，g。

4. 酸价

称取 10g 索氏抽提法提取的液体油脂，置于 250mL 锥形瓶中，加入 50mL 乙醚 - 异丙醇混合液，振摇使其充分溶解，再加入 3 滴酚酞指示剂。用氢氧化钾标准滴定溶液进行滴定，当试样溶液呈现微红色，且 15s 内无明显褪色，即为滴定终点。取相同量的乙醚 - 异丙醇混合液，按相同方法进行空白试验。按照下列公式计算花生油的酸价。

$$X_{AV}=\frac{(V-V_0)\times c\times M}{m}$$

式中，X_{AV} 为酸价，mg/g；V 为试样测定所消耗的标准滴定溶液的体积，mL；V_0 为相应的空白测定所消耗的标准滴定溶液的体积，mL；c 为标准滴定溶液的摩尔浓度，mol/L；M 为氢氧化钾的摩尔质量，56g/mol；m 为花生油的质量，g。

六、实验结果

计算不同脱毒技术处理的花生油的酸价和过氧化值，填入到表 8-6 中。

表8-6　不同脱毒技术处理的花生品质

指标	柠檬酸处理	微波处理
出油率		
酸价 /(mg/g)		

七、实验关键点

（1）称量花生中脂肪含量时，干燥结束的标志应为两次称量的差不超过 2mg。

（2）氢氧化钾遇水和水蒸气会释放大量热，并形成强腐蚀性的溶液。称取时需佩戴防护口罩、手套，配制溶液时需在通风橱内进行。

（3）乙醚 - 异丙醇混合液使用前需用浓度为 0.1mol/L 的氢氧化钾溶液调节 pH 值至中性。

八、实验讨论与反思

（1）索氏抽提法测定脂肪含量时，无水乙醚和石油醚哪个提取效果更好？应如何选择？
（2）测定花生的酸价时，为什么锥形瓶和油样中均不得混有无机酸？

九、拓展思考

（1）食品中脂肪含量还有哪些测定方法？各自有何优缺点？分别适用于哪种类型的食品？

（2）酸价和过氧化值都是评价油脂酸败程度的指标，它们之间有何异同点？酸价越高，过氧化值越高吗？为什么？

参考文献

[1] Akhtar S, Khalid N, Ahmed I, et al. Physicochemical characteristics, functional properties, and nutritional benefits of peanut oil: A review[J]. Critical Reviews in Food Science and Nutrition, 2014, 54(12): 1562-1575.

[2] Isanga J, Zhang G. Biologically active components and nutraceuticals in peanuts and related products: Review[J]. Food Reviews International, 2007, 23(2): 123-140.

[3] Razzazi-Fazeli E, Noviandi C T, Porasuphatana S, et al. A survey of aflatoxin B_1 and total aflatoxin contamination in baby food, peanut and corn products sold at retail in Indonesia analysed by ELISA and HPLC[J]. Mycotoxin Research, 2004, 20(2): 51-58.

[4] Edae B N, Balcha M, Berihun A. Gamma irradiation for aflatoxin decontamination in peanut samples[J]. Radiation Science and Technology, 2022, 8: 47-50.

[5] Malir F, Pickova D, Toman J, et al. Hazard characterisation for significant mycotoxins in food[J]. Mycotoxin Research, 2023, 39(2): 81-93.

[6] Claeys L, Romano C, De Ruyck K, et al. Mycotoxin exposure and human cancer risk: A systematic review of epidemiological studies[J]. Comprehensive Reviews in Food Science and Food Safety, 2020, 19(4): 1449-1464.

[7] Jallow A, Xie H, Tang X, et al. Worldwide aflatoxin contamination of agricultural products and foods: From occurrence to control[J]. Comprehensive Reviews in Food Science and Food Safety, 2021, 20(3): 2332-2381.

[8] Tahir N I, Hussain S, Javed M, et al. Nature of aflatoxins: Their extraction, analysis, and control[J]. Journal of Food Safety, 2018, 38(6): e12561.

[9] Zhang K, Banerjee K. A review: Sample preparation and chromatographic technologies for detection of aflatoxins in foods[J]. Toxins, 2020, 12(9): 539.

[10] Pisoschi A M, Iordache F, Stanca L, et al. Comprehensive overview and critical perspective on the analytical techniques applied to aflatoxin determination - A review paper[J]. Microchemical Journal, 2023, 191: 108770.

[11] Yoshida S, Zhang H, Takahashi R, et al. Identification and removal of aflatoxin coprecipitates derived from plant samples on immunoaffinity chromatographic purification[J]. Journal of Chromatography A, 2022, 1678: 463382.

[12] Yang T, Lü Y, Zhang D, et al. Preparation and application of immunoaffinity column for multi-mycotoxins[J]. Chinese Journal of Analytical Chemistry, 2016, 44(8): 1243-1249.

[13] Bakirdere S, Bora S, Bakirdere E G, et al. Aflatoxin species: their health effects and determination methods in different foodstuffs[J]. Central European Journal of Chemistry, 2012, 10(3): 675-685.

[14] Shephard G S. Aflatoxin analysis at the beginning of the twenty-first century[J]. Analytical and Bioanalytical Chemistry, 2009, 395(5): 1215-1224.

[15] Dhanshetty M, Mali G V. Detection of aflatoxin producing fungi in rice and peanut, and determination of aflatoxin by HPLC-FLD method[J]. Applied Biological Research, 2023, 25(2): 216-224.

[16] Shen M H, Singh R K. Determining aflatoxins in raw peanuts using immunoaffinity column as sample clean-up method followed by normal-phase HPLC-FLD analysis[J]. Food Control, 2022, 139: 109065.

[17] Kumar V. Aflatoxins: Properties, toxicity and detoxification[J]. Nutrition & Food Science International Journal, 2018, 6: 555696.

[18] Xie L, Chen M, Ying Y. Development of methods for determination of aflatoxins[J]. Critical Reviews in Food Science and Nutrition, 2016, 56(16): 2642-2664.

[19] Zhu A, Jiao T, Ali S, et al. Dispersive micro solid phase extraction based ionic liquid functionalized ZnO nanoflowers couple with chromatographic methods for rapid determination of aflatoxins in wheat and peanut samples[J]. Food Chemistry, 2022, 391: 133277.

[20] Kos J, Hajnal E J, Jajic I, et al. Comparison of ELISA, HPLC-FLD and HPLC-MS/MS methods for determination of aflatoxin M1 in natural contaminated milk samples[J]. ACTA Chimica Slovenica, 2016, 63(4): 747-756.

[21] Achenef B, Du X, Schrunk D, et al. High-performance liquid chromatography and Enzyme-Linked Immunosorbent Assay techniques for detection and quantification of aflatoxin B_1 in feed samples: a comparative study[J]. BMC Research Notes, 2019, 12(1): 492.

[22] Hassanshahian M, Mohamadi H, Abbaspour H. Comparisons of different methods for detection of aflatoxin in grain and grain products[J]. ACTA Horticulturae, 2012, 963: 275-280.

[23] Goryacheva I Y, Saeger S D, Eremin S A, et al. Immunochemical methods for rapid mycotoxin detection: Evolution from single to multiple analyte screening: A review[J]. Food Additives & Contaminants, 2007, 24: 1169-1183.

[24] Yan T, Zhu J, Li Y, et al. Development of a biotinylated nanobody for sensitive detection of aflatoxin B_1 in cereal *via* ELISA[J]. Talanta, 2022, 239: 123125.

[25] Turner N W, Subrahmanyam S, Piletsky S A. Analytical methods for determination of mycotoxins: A review[J]. Analytica Chimica Acta, 2009, 632(2): 168-180.

[26] Chun H S, Kim H J, Ok H E, et al. Determination of aflatoxin levels in nuts and their products consumed in South Korea[J]. Food Chemistry, 2007, 102(1): 385-391.

[27] Tittlemier S A, Cramer B, Dall'Asta C, et al. Developments in mycotoxin analysis: an update for 2020-2021[J]. World Mycotoxin Journal, 2022, 15(1): 3-25.

[28] Zhao Y, Huang J, Ma L, et al. Development and validation of a simple and fast method for simultaneous determination of aflatoxin B_1 and sterigmatocystin in grains[J]. Food Chemistry, 2017, 221: 11-17.

[29] Ye J, Wu Y, Guo Q, et al. Development and interlaboratory study of a liquid chromatography tandem mass spectrometric method for the

determination of multiple mycotoxins in cereals using stable isotope dilution[J]. Journal of Aoac International, 2018, 101(3): 667-676.

[30] Udovicki B, Stankovic S, Tomic N, et al. Evaluation of ultraviolet irradiation effects on *Aspergillus flavus* and Aflatoxin B1 in maize and peanut using innovative vibrating decontamination equipment[J]. Food Control, 2022, 134: 108691.

[31] Karlovsky P, Suman M, Berthiller F, et al. Impact of food processing and detoxification treatments on mycotoxin contamination[J]. Mycotoxin Research, 2016, 32(4): 179-205.

[32] Guo Y, Zhao L, Ma Q, et al. Novel strategies for degradation of aflatoxins in food and feed: A review[J]. Food Research International, 2021, 140: 109878.

[33] Magzoub R A M, Yassin A A A, Abdel-Rahim A M, et al. Photocatalytic detoxification of aflatoxins in Sudanese peanut oil using immobilized titanium dioxide[J]. Food Control, 2019, 95: 206-214.

[34] Shen M H, Singh R K. Detoxifying aflatoxin contaminated peanuts by high concentration of H_2O_2 at moderate temperature and catalase inactivation[J]. Food Control, 2022, 142: 109218.

[35] Méndez-Albores A, Nicolás-Vázquez I, Miranda-Ruvalcaba R, et al. Mass spectrometry/mass spectrometry study on the degradation of B-aflatoxins in maize with aqueous citric acid[J]. American Journal of Agricultural and Biological Sciences, 2008, 3(2): 482-489.

[36] Lee J, Her J Y, Lee K G. Reduction of aflatoxins (B_1, B_2, G_1, and G_2) in soybean-based model systems[J]. Food Chemistry, 2015, 189: 45-51.

[37] Soni A, Smith J, Thompson A, et al. Microwave-induced thermal sterilization - A review on history, technical progress, advantages and challenges as compared to the conventional methods[J]. Trends in Food Science & Technology, 2020, 97: 433-442.

[38] Das C, Mishra H N. Effect of aflatoxin B_1 detoxification on the physicochemical properties and quality of ground nut meal[J]. Food Chemistry, 2000, 70(4): 483-487.

[39] Ismail A M, Raza M H, Zahra N, et al. Aflatoxins in wheat grains: Detection and detoxification through chemical, physical, and biological means[J]. Life (Basel), 2024, 14(4): 535.

[40] Liu R, Jin Q, Chen B, et al. Effect of aflatoxin detoxification by UV irradiation treatment on peanut oil quality[J]. China Oils and Fats, 2011, 36(6): 17-20.

[41] Sabolova M, Zeman V, Lebedova G, et al. Relationship between the fat and oil composition and their initial oxidation rate during storage[J]. Czech Journal of Food Sciences, 2020, 38(6): 404-409.

[42] Yang D, Niu R, Zhao S. Determination method of acid value and peroxide value of vegetable oil[J]. China Oils and Fats, 2024, 49(1): 127-129.

[43] Yan J, Zhu L, Yu W, et al. Impact on edible oil quality and fatty acid composition by microwave heating[J]. Journal of the Chinese Cereals and Oils Association, 2020, 35(3): 110-115.

[44] Zhao G. The influence of three types of heating treatment on the quality of soybean oil[J]. Science & Technology of Food Industry, 2006, 27(2): 80-83.